博碩文化

哎呀！
原來React
這麼有趣好玩

圈叉、貪吃蛇、記憶方塊三款經典遊戲實戰練習

陳泰銘（Taiming）著

U0086575

iThome
鐵人賽
優選

掌握獨立作業能力，貼近實務開發流程的技能大補帖

精通React.js
打造你的專業
前端開發能力

工作現場的模擬
從接收需求到實作層面
詳細解說各階段的流程

經典小遊戲實戰
主題式練習
豐富你的 Sideproejct

完整程式碼解析
讓你的學習
不漏掉任何細節

本書如有破損或裝訂錯誤，請寄回本公司更換

作　　者：陳泰銘（Taiming）
責任編輯：林楷倫

董 事 長：陳來勝
總 編 輯：陳錦輝
出　　版：博碩文化股份有限公司
地　　址：221 新北市汐止區新台五路一段 112 號 10 樓 A 棟
　　　　　電話 (02) 2696-2869　傳真 (02) 2696-2867
發　　行：博碩文化股份有限公司

郵撥帳號：17484299　戶名：博碩文化股份有限公司
博碩網站：http://www.drmaster.com.tw
讀者服務信箱：dr26962869@gmail.com
訂購服務專線：(02) 2696-2869 分機 238、519
（週一至週五 09:30 ～ 12:00；13:30 ～ 17:00）

版　　次：2023 年 02 月初版一刷
建議零售價：新台幣 620 元
I S B N：978-626-333-377-2（平裝）
律師顧問：鳴權法律事務所 陳曉鳴 律師

國家圖書館出版品預行編目資料

哎呀！原來 React 這麼有趣好玩：圈叉、貪吃蛇、
記憶方塊三款經典遊戲實戰練習 / 陳泰銘(Taiming)
著. -- 初版. -- 新北市：博碩文化股份有限公司,
2023.0 2

　　面；　公分 --（iThome 鐵人賽系列書）

ISBN 978-626-333-377-2（平裝）

1.CST：電腦程式設計　　2.CST：電腦遊戲

312.1695　　　　　　　　　　　　111015912

Printed in Taiwan

博 碩 粉 絲 團　歡迎團體訂購，另有優惠，請洽服務專線
　　　　　　　　(02) 2696-2869 分機 238、519

推薦序一

「我剛接觸一個新的框架或函式庫，好多新概念都很不熟，該怎麼辦？」

這是許多新手都會有的問題，而通常我自己會推薦的解法是：「練習」，可是實際上到底該怎麼練習？最有趣也最有效果的，就是寫一些小專案。在製作這些專案的過程中，一來你可以把你的想法付諸實行，二來也會練到你想練的程式技巧，提升自己的熟練度。

Taiming 的這本書來自於自身的經驗，他自己在剛接觸 React 時就碰到了這樣的問題，而後來透過做一些小遊戲來增加自己對於 React 的熟悉程度。書中會介紹到的三個遊戲實作難度雖然不高，但背後依舊牽涉到許多重要的觀念，藉由這些小遊戲來打好自己的基礎，我認為是個很好的選擇！

除此之外，這本書還有一些不同的地方。舉例來說，在專案開始之前，Taiming 會先把專案大致上規劃好，把想要的功能都寫下來，並且切割成比較小的任務；這樣的習慣除了自己開發上比較有效率以外，在工作上也能更好地去安排工作量以及回報進度，是個很不錯的習慣。

在製作這些遊戲的過程中，除了能學習到 React 的基礎以外，Taiming 也加進了一些其他要素，像是保持程式碼整潔的 ESLint 以及撰寫樣式的 Styled Component 等等，也介紹了 Flexbox 與 Grid 這兩個重要的 CSS 排版技巧，讓讀者能夠一併學習到整體的專案開發，而非只有 React 以及 JavaScript。

另外，在遊戲 UI 上的美化也下了不少功夫，使用了許多的 CSS animation 來增加遊戲的外觀豐富度，這個細節也讓這些遊戲專案的完成度又更高了些。在每個專案做完以後，也會提供給讀者改善以及加強的建議。若是讀者能夠自行實作那些新功能，或許就能讓小專案搖身一變，成為可以放在履歷上的作品。

如果你剛入門 React，覺得自己對它不夠熟悉，那本書或許會是你的好夥伴，跟著書中的教學一步步做完三個遊戲，相信一定能提升你對 React 的熟悉程度，也能學到許多開發的小技巧。

Huli

技術部落格 Huli's blog 站長

推薦序二

要成為一位合格的工程師，其一困難的階段便是「新手入門」。該怎麼踏出第一步並穩穩地步上軌道呢？學校和社會都不會教，往往只能靠跌跌撞撞的摸索和嘗試來累積經驗。過了新手村之後，只要培養了良好的品味、肯花時間耐心學習與謙虛地持續精進技術，都能成為很棒的工程師。但隨著在業界的時間久了，便會忘了當初是怎麼走過來的，想要傳授這些點點滴滴給後人？沒有耐性也沒有適合的教材。

《哎呀！原來 React 這麼有趣好玩！》在泰銘的這本書裡，我看到了一位溫柔、嚴謹且細膩的前輩，手把手帶領前端新手經歷在此階段所需要的軟硬技能，舉凡事前準備、理解原理與技術、看懂設計規格、撰寫文件、實作程式碼、拆解工作、評估時程、溝通協調與團隊合作，應有盡有，帶給讀者的不僅是做個「遊戲範例」而已，更是完整地走過專案開發流程。對於處在忙、盲、茫階段的新手來說，不怕沒有前輩帶領，並且十分適合拿來打底；對於老手來說，除了溫故知新，還能省思是否能更完善更有效率的培養團隊，是一份很棒的帶人教材。

我會將這本書定位為前端新手入門必讀的教科書，也是每位 Web 前端工程師都該擁有的好書！

Summer

趨勢科技資深工程師
《打造高速網站，從網站指標開始！全方位提升使用者體驗與流量的關鍵》
與技術部落格「Summer。桑莫。夏天」作者

推薦序三

很開心這麼快又可以看到泰銘兄的新書出版，我覺得要持續產出高質量的文章真的對創作者是一個很大的考驗，這也是我特別佩服泰銘兄的一點，因為除了在公司當中擔任重要責任之外，還要在工作之餘騰出時間進行編寫書籍，想必是極度的自律以及極高的自我要求才能辦到。

「哎呀！原來 React 這麼有趣好玩！」這本著作對於新手來說是個福音！在我進行教學和經營程式社群時感受到「學習動機」是會影響到學員們非常多的因素，而動機可能來自於四個要素 ─ 學員本身、講師、學習內容及環境。有些學員是學習動機非常強，那不管環境或是其他要素如何，他都能以著他的熱情持續有效率的學習。但很可惜的在我接觸到的學員大概只有 5% 是這種類型，更多的人是需要一定的程度依賴講師的教學方法，教材內容的吸引力，或是環境的推動力來讓前進。而本書在題材及內容是以「遊戲實作」帶領讀者學習，這本身就給予讀者很強的動機，畢竟，誰不喜歡遊戲呢？在這本著作中，泰銘兄透過實作遊戲帶領讀者進入 React 開發的世界，不僅是有趣的主題，也深入淺出的傳達 React 的許多開發概念，我想，對於初學者來說，這就是最好的學習方式了吧！

泰銘兄是一位實作力極強的工程師，同時也非常會提攜後輩及幫助同伴，從他著作中詳細的解說就可以感受到他的細心，就像是一個學長在身旁一步步手把手教學的感覺。本書當中除了 React 的基礎概念，泰銘兄也以比較新手的工程師角度出發，一定程度模擬了工程師工作現場的流程，從接到需求到實作層面，詳細的解說各階段流程的思考面向，幫助讀者增強獨立作業的能力。如果你是 React 剛起步的朋友，非常推薦您透過這本書，一窺 React 的神奇世界，透過實作經典的遊戲，打開 React 開發的大門！

Jimmy Chu

搞定學院學習社群 創辦人

知名外商 Hewlett-Packard 資深工程師

作者序

「如果這世界上真的有時光機就好了啊！」

就算已經長大了，還是時不時會想著，好想回到過去去買那支最賺錢的股票啊！早知道他會漲，我就跟他賭身家！或是，好想回到過去把指考不該寫錯的那題修正過來啊！因為我就差那一題就會上我最想上的學校！夢想著，只要能夠回到過去，我們就能夠把沒做好的部份做得更好！大家也都是這樣想的吧？但是，如果時光真的重來一次，雖然有機會能夠做得更好，但是你否願意再次接受那令人煎熬的鐵一般的試煉呢？

很感謝讀者們願意翻開這本書，你能夠在書架上看到這本書，那就表示，我確實地接受了「搭上時光機」的機會。如同我的初衷，既然搭上了時光機，我就要做得比之前更好。為了整理這個系列作品真的花了我很多心思。當時在鐵人賽寫這些專案時，React 的版本是 16.5，要知道 React Hook 是在 16.8 之後才出現的。因此，為了完成這本書，我用 React Hook 重寫了所有的程式碼。當然，對於所有程式碼的說明和描述也必須要重新構思才行。

除此之外，我也將這幾年寶貴的工作經驗放進這本書裡面。工程師除了要能夠寫程式之外，能夠獨立規劃和執行專案也是非常重要的能力。例如，當我們在工作上遇到 PM 丟給你一個需求，問你多少時間可以完成時，你是否只能憑感覺跟他壓一個沒有把握的時間呢？或者，當你有機會接案時，業主問你這個網站給你做，你開價多少錢？你有沒有辦法理直氣壯的跟他說明你為什麼開這個價？而不會任由對方殺價殺得你片甲不留呢？在這本書當中，這些方法和觀念都會不藏私的分享給讀者們。

願意翻開這本書的讀者，我相信你跟我一樣，是一個希望透過更多的練習來累積經驗，藉此讓自己越來越好的人！我記得在尋找第一份工作時，老闆面試我，問我說：「你覺得你聰明嗎？」我想了一下我過往的經歷，誠實回答說：

「我覺得我不是那種聰明的類型，但是我很努力。」老闆眼睛一亮說：「很好，你要記住，努力就是最大的聰明！」

這本書對我而言的意義非凡。這是我第一次參加 iThome 鐵人賽的作品所重新整理而成的。會選這個題目，是因為我在工作上面遇到瓶頸。所以我努力尋找各種題目和 Sideproject 來練習，希望可以透過這個過程提升我對公司專案那些陌生語法的掌握度。「努力」終究沒有欺騙我，它真的讓我慢慢脫胎換骨。因此，希望透過這本書將這些部分記錄下來，也希望這些內容對讀者們有幫助！

最後我要特別感謝博碩文化圖書產品經理 Abby，幫助我讓這本書能夠得到重生的機會。也感謝博碩的小 P 哥 (林楷倫) 以及幫助我這本書能夠順利出版的團隊們，要出版一本書真的很不容易。還有真的非常感激 Huli 大大，總是很用心的給我建議，讓這本書的內容能夠更正確的呈現在讀者面前！

作者　陳泰銘

目錄

CHAPTER **01**　準備開發工具及環境

1.1　準備開發工具 1-2

　　1.1.1　VSCode 1-2

　　1.1.2　npm 1-3

　　1.1.3　Node.js 1-3

　　1.1.4　nvm 1-4

　　1.1.5　Google Chrome 瀏覽器 1-4

1.2　準備開發環境 1-5

　　1.2.1　使用 create-react-app 創建一個專案 1-5

　　1.2.2　ESLint 1-11

　　1.2.3　styled-components 1-16

CHAPTER **02**　開發流程準備

2.1　專案介紹 2-2

2.2　規格書 2-3

2.3　設計圖說明 2-4

2.4　任務拆解 2-5

　　2.4.1　任務拆解的好處 2-5

　　2.4.2　任務拆解的心法 2-8

2.5　任務實作 2-10

2.6　篇章總結 2-10

CHAPTER **03** 技能大補帖

3.1　CSS Flex 3-2

　　3.1.1　情境 3-2

　　3.1.2　介紹 3-3

　　3.1.3　Flex 的使用 3-3

3.2　CSS Grid 3-11

　　3.2.1　情境 3-11

　　3.2.2　介紹 3-11

　　3.2.3　Grid 的使用 3-11

3.3　React Hook 3-18

　　3.3.1　useState 簡介 3-18

　　3.3.2　useEffect 簡介 3-20

3.4　setTimeout 與 setInterval 3-22

　　3.4.1　setTimeout() 3-22

　　3.4.2　setInterval() 3-23

　　3.4.3　取消 setTimeout() 與 setInterval() 3-23

　　3.4.4　依序印出：0 1 2 3 4 3-24

CHAPTER **04** 圈圈叉叉篇

4.1　專案介紹 4-2

　　4.1.1　遊戲簡介 4-2

　　4.1.2　學習重點 4-3

4.2　規格書 4-4

　　4.2.1　關於畫面與功能 4-4

　　4.2.2　關於遊戲邏輯 4-5

4.3　設計圖説明 4-5

　　4.3.1　桌面版展示 4-5

　　4.3.2　手機版展示 4-6

4.4　任務拆解...4-7

　　4.4.1　任務拆解描述...4-7

　　4.4.2　任務拆解總結...4-10

4.5　任務卡 01：準備開發環境...4-11

　　4.5.1　使用 create-react-app 創建一個專案.....................4-11

　　4.5.2　安裝 ESLint...4-12

　　4.5.3　安裝 styled-components.................................4-12

4.6　任務卡 02：準備全局主題及樣式.......................................4-13

　　4.6.1　簡介 ThemeProvider.................................4-13

　　4.6.2　配置 ThemeProvider.................................4-14

　　4.6.3　配色小幫手...4-17

4.7　任務卡 03：畫面佈局切版...4-19

　　4.7.1　畫面佈局草稿...4-19

　　4.7.2　畫面佈局樹狀圖...4-21

4.8　任務卡 04：設計資料結構...4-26

　　4.8.1　資訊看板...4-28

　　4.8.2　九宮格棋盤...4-29

　　4.8.3　重新開始按鈕...4-31

　　4.8.4　切換模式...4-32

　　4.8.5　資料結構總結...4-33

4.9　任務卡 05：棋盤刻畫及點擊事件.......................................4-35

　　4.9.1　規劃出棋盤的範圍...4-35

　　4.9.2　畫出棋盤上的格子...4-40

　　4.9.3　點擊棋盤事件...4-44

　　4.9.4　畫面美化...4-51

4.10　任務卡 06：勝負判斷...4-57

　　4.10.1　比較並選用不同的勝負判斷方法.........................4-58

　　4.10.2　實現勝負判斷的函式.....................................4-60

　　4.10.3　贏家棋子的歡呼動畫.....................................4-65

4.11 任務卡 07：資訊看板 4-69

4.11.1 參數說明 4-69

4.11.2 顯示邏輯流程圖 4-70

4.11.3 資訊看板程式碼 4-71

4.11.4 使用 CSS Flex 調整顯示內容佈局 4-72

4.12 任務卡 08：重新開始按鈕 4-74

4.12.1 重設狀態的函式 4-74

4.12.2 綁定函式到元件上 4-75

4.12.3 畫面美化 4-76

4.13 任務卡 09：切換電腦對弈模式 4-80

4.13.1 拿掉輔助線並調整樣式 4-80

4.13.2 Switch 元件刻畫 4-82

4.13.3 電腦對弈函式設計 4-88

4.14 圈圈叉叉篇總結 4-96

4.14.1 回顧 4-96

4.14.2 天馬行空 4-97

4.15 圈圈叉叉篇完整程式碼 4-100

CHAPTER 05 貪吃蛇篇

5.1 專案介紹 5-2

5.1.1 遊戲簡介 5-2

5.1.2 學習重點 5-3

5.2 規格書 5-4

5.2.1 關於畫面與功能 5-4

5.3 設計圖說明 5-6

5.3.1 桌面版展示 5-6

5.3.2 手機版展示 5-9

5.4 任務拆解 5-10

5.4.1　任務拆解描述 5-10

5.4.2　任務拆解總結 5-12

5.5　任務卡 01：準備開發環境 5-14

5.5.1　使用 create-react-app 創建一個專案 5-14

5.5.2　安裝 ESLint 5-14

5.5.3　安裝 styled-components 5-15

5.6　任務卡 02：畫面佈局切版 5-16

5.6.1　畫面佈局草稿 5-16

5.6.2　畫面佈局樹狀圖 5-17

5.7　任務卡 03：設計資料結構 5-20

5.7.1　貪吃蛇的構造 5-21

5.7.2　貪吃蛇的移動方法 5-21

5.8　任務卡 04：地圖 5-28

5.8.1　規劃出地圖的範圍 5-29

5.8.2　刻畫 30x30 的貪吃蛇地圖 5-31

5.9　任務卡 05：讓貪吃蛇的頭可以在地圖上移動 5-36

5.9.1　地圖上畫出貪吃蛇的頭部 5-36

5.9.2　讓貪吃蛇的頭部在地圖上移動 5-39

5.9.3　透過鍵盤操作讓貪吃蛇改變方向 5-42

5.10　任務卡 06：加入貪吃蛇的身體 5-46

5.10.1　地圖中畫出蛇的身體 5-46

5.10.2　貪吃蛇身體的移動 5-47

5.11　任務卡 07：產生貪吃蛇的食物 5-51

5.12　任務卡 08：貪吃蛇吃到食物會變長 5-55

5.12.1　蛇吃到食物 5-55

5.12.2　吃到食物身體要變長 5-55

5.12.3　吃到食物後，蛇的移動速度要加快 5-57

5.12.4　產生新的食物 5-59

5.14.5　顯示目前分數 5-59

5.13 任務卡 09：貪吃蛇吃到自己會死 5-61

　　5.13.1 遊戲結束判斷條件 5-61

　　5.13.2 遊戲結束時停止貪吃蛇的移動 5-62

5.14 任務卡 10：重新開始按鈕 5-63

　　5.14.1 重新開始按鈕樣式 5-64

　　5.14.2 重新開始按鈕事件處理 5-67

5.15 任務卡 11：虛擬方向鍵及操作 5-68

　　5.15.1 虛擬方向鍵畫面樣式 5-68

　　5.15.2 虛擬方向鍵事件處理 5-73

5.16 任務卡 12：暫停遊戲 5-75

　　5.16.1 暫停按鈕畫面樣式 5-76

　　5.16.2 暫停按鈕事件處理 5-77

5.17 貪吃蛇篇總結 5-80

　　5.17.1 回顧 5-80

　　5.17.2 天馬行空 5-82

5.18 貪吃蛇篇完整程式碼 5-84

CHAPTER **06** 記憶方塊篇

6.1 專案介紹 6-2

　　6.1.1 遊戲簡介 6-2

　　6.1.2 學習重點 6-3

6.2 規格書 6-4

　　6.2.1 關於畫面與功能 6-4

　　6.2.2 遊戲流程 6-5

6.3 設計圖說明 6-6

　　6.3.1 桌面版展示 6-6

　　6.3.2 手機版展示 6-7

6.4 任務拆解 6-8

6.4.1　任務拆解描述 6-8

6.4.2　任務拆解總結 6-10

6.5　任務卡 01：準備開發環境 6-11

6.5.1　使用 create-react-app 創建一個專案 6-11

6.5.2　安裝 ESLint 6-12

6.5.3　安裝 styled-components 6-12

6.6　任務卡 02：畫面佈局切版 6-13

6.6.1　畫面佈局草稿 6-13

6.6.2　畫面佈局樹狀圖 6-14

6.7　任務卡 03：設計資料結構 6-17

6.7.1　月前關卡 6-19

6.7.2　產生題目 6-19

6.7.3　玩家答案 6-21

6.7.4　是否開始遊戲 6-21

6.7.5　機會 / 命 6-21

6.7.6　載入中狀態 6-22

6.8　任務卡 04：記憶方塊 6-22

6.8.1　畫出方塊 6-22

6.8.2　點擊事件 6-30

6.9　任務卡 05：是否過關的判斷 6-32

6.10　任務卡 06：關卡資訊及關卡進度條 6-35

6.10.1　遊戲標題 6-36

6.10.2　關卡資訊 6-37

6.10.3　關卡進度條 6-38

6.11　任務卡 07：題目播放 6-41

6.11.1　開始遊戲按鈕 6-41

6.11.2　開始遊戲之後播放題目 6-45

6.11.3　每次過關之後，要播放新的題目 6-50

6.11.4　當玩家答錯的時候，重新播放題目 6-51

6.12　任務卡 08：製作過關和不過關的效果 6-53

　　　6.12.1　過關效果 6-53

　　　6.12.2　不過關效果 6-55

6.13　任務卡 09：顯示目前還有幾命 6-56

6.14　記憶方塊篇總結 6-59

　　　6.14.1　回顧 6-59

　　　6.14.2　天馬行空 6-61

6.15　記憶方塊篇完整程式碼 6-62

準備開發工具及環境

▌1.1 準備開發工具

在開發專案的過程當中有許多事情要做。例如我們需要編寫程式，編寫的過程需要調整排版、整理程式的結構，可能有時候也會需要安裝外部的套件來使用。每完成一個階段的功能之後需要試著執行看看結果是否正確，如果程式撰寫不正確，也需要有訊息提醒告訴我們哪裡寫錯了。那如果程式碼能順利執行，我們也希望確認執行出來的結果是否符合預期。假設結果不符合預期，也要有方法或工具讓我們能夠找到問題的蛛絲馬跡。

因此，工欲善其事，必先利其器。我們需要有方便編寫程式碼的工具。編寫的過程需要外部套件，所以需要有外部套件的管理工具。為了讓程式碼能夠順利執行，也需要程式碼執行的環境。由於前端的專案大多在瀏覽器上面執行和呈現，因此也需要一個好用的瀏覽器，並且上面有強大的開發者工具，能夠幫助開發者快速掌握各方面的細節，方便除錯。

接下來會介紹一些作者在撰寫本書專案會用到的開發工具：

1.1.1 VSCode

Visual Studio Code(簡稱 VSCode) 是由微軟開發且跨平台的免費原始碼編輯器 (IDE)。無論你是使用 Windows、Mac、Linux 都可以免費下載安裝。他的功能非常的強大，VSCode 擁有內部的延伸模組管理系統，能夠依據開發者的需要來安裝所需要的擴充套件，無論使用什麼程式語言開發，幾乎都能找到對應的擴充工具幫助我們編輯程式碼時更有效率。而常用的 Git 功能在 VSCode 當中也是內建的，透過與 VSCode 整合，能夠輕易做到版本比對、管理。在其官網即可看到相關的介紹，以及能找到安裝所需要的檔案。

▲ 圖 1-1 VSCode

1.1.2 npm

node package manager(npm) 是 Node.js 的預設套件管理工具。 開發者們
是一個廣大的社群,每一位開發者皆能透過 npm 發佈自己開發的工具提供
給跟自己同樣需求的人使用,幫助有需要的人避免重複造輪子。當然,在
npm 上我們也能夠尋找適合自己專案用的套件。透過 npm 相關的指令,我
們可以管理自己專案上的套件,無論是安裝、卸載、更新版本等等,皆能
快速的達成。

▲ 圖 1-2 npm

1.1.3 Node.js

Node.js 是一個 JavaScript 的運行環境,可以讓開發人員使用 JavaScript
在伺服器端構建應用程式。本書中的專案需要使用 React 來開發,而
React.js 是一個 JavaScript 函式庫,需要透過 Node.js 來運行,因此為了
開發 React 應用程式,我們會需要先安裝好 Node.js 的環境。

▲ 圖 1-3 Node.js

1.1.4 nvm

nvm (node version manager) 是一個用於管理多個 Node.js 版本的工具。它可以讓你安裝多個版本的 Node.js，並且在不同的項目之間輕鬆切換。這對於那些需要同時開發多個應用程式，且每個應用程式需要不同版本的 Node.js 的開發人員來說非常有用。

使用 nvm，你可以在同一台電腦上安裝多個版本的 Node.js，並在不同的項目之間輕鬆切換。這樣，你就可以在一個項目中使用最新版本的 Node.js，而在另一個項目中使用舊版本，而不用擔心版本衝突或兼容性問題。

▲ 圖 1-4 nvm

1.1.5 Google Chrome 瀏覽器

Google Chrome 瀏覽器是由 Google 公司開發的一款網頁瀏覽器。它提供了豐富的特色功能和擴充套件，可以讓你高效地瀏覽網頁。Chrome 瀏覽器支持多種操作系統，包括 Windows、macOS、Linux、Android 和 iOS 等。Chrome 瀏覽器的開發者模式是一種用於開發和除錯的工具。它包含了許多實用的功能，可以幫助開發者更好地理解網頁的結構和運行原理。例如，它可以顯示網頁的 DOM 結構、顯示網頁的程式碼、顯示網頁請求和回應等等。

▲ 圖 1-5 Google Chrome

🐧 **小天使來補充**
. . . .

上述提到的開發工具是作者在寫本篇專案時會用到的工具。但以 IDE 為例，作者開發時習慣使用 VSCode 作為程式編輯工具，但每個人有不同的開發習慣，只要能達到目的，其實並不限於只能使用上述提到的工具。只要用得順手、自己喜歡就好。

但如果你是新手開發者，不知道該用什麼工具才好，你可以參考作者上述介紹的工具來試試。

■ 1.2 準備開發環境

1.2.1 使用 create-react-app 創建一個專案

根據 React 官網的說明，create-react-app 是由 Facebook 設計的一套一鍵建立 React.js 開發環境的套件。只需要一行指令就可以快速建立一個新的 React 應用程式。它提供了一個標準的檔案結構和一系列有用的工具，可以讓你專注於應用程式的實際功能，而不用擔心環境設定和架構。換句話說，你不需要透過自己的安裝設置，就能夠使用最新的 JavaScript 特性，例如 ES6 語法等等。

create-react-app 支持自動化構建、模組管理和代碼分割等功能，並且還提供了一個開發伺服器，可以讓你在本地測試應用程式。如果你想要使用 create-react-app 建立一個新的 React 應用程式，你只需要在終端中輸入「npx create-react-app my-app」，其中 my-app 是應用程式的名稱。

在使用 create-react-app 之前，你需要檢查你的機器上是否已經安裝 Node >= 14.0.0 and npm >= 5.6。

本範例中，我使用的版本是：

```
$ npm -v
6.14.13
$ node -v
v14.17.0
```

> ### 🐧 小天使來補充
>
> 上面提到的 npx 指令，並不是 npm 打錯字喔！npx 是在 npm v5.2.0 之後內建的指令，是一個 command line 工具，可以讓你在終端中執行 Node.js package。它可以自動安裝 package 並執行其內部的指令，而不需要你手動安裝 package 或指定完整的路徑。npx 的使用方法非常簡單，只需要在終端中輸入「npx package name」即可。npx 可以讓你更方便地執行 Node.js package，並且可以讓你避免安裝多餘的 package 到全局環境中。

萬事俱備之後，假設我們要透過 create-react-app 建立一個圈圈叉叉遊戲 (tic-tac-toe) 專案，下面就是我們需要輸入的指令：

```
$ npx create-react-app tic-tac-toe
```

等程式執行完畢之後，就能看到 tic-tac-toe 資料夾在剛剛下指令的目錄下。進到這個資料夾裡面就能夠透過 npm 指令將專案啟動了：

```
$ cd tic-tac-toe
$ npm start
```

執行 npm start 之後，這個藉由 create-react-app 安裝的腳本將會在本機伺服器 (電腦) 的 localhost:3000 啟動以提供服務，並在新瀏覽器分頁打開該應用程式。你的瀏覽器將顯示如下內容：

▲ 圖 1-6 啟動 React 應用程式

❑ 簡介專案結構

如下圖，剛創建完的 create-react-app 的專案，檔案結構會如下：

```
public (靜態資源文件夾)
|____ index.html (主頁面)
|____ favicon.ico (網站頁籤圖標)
|____ logo192.png
|____ logo512.png
|____ manifest.json (應用加殼的配置文件)
|____ robots.txt (爬蟲協議文件)

src (源碼文件夾)
|____ index.js (入口文件)
|____ index.css (index.js 入口檔案引入的全域樣式)
|____ App.js (App 元件)
|____ App.test.js (用於給 App 做測試)
|____ App.css (App 元件的樣式)
|____ reportWebVitals.js (頁面性能分析文件，需要 web-vitals 庫的支持)
|____ setupTests.js (元件單元測試的文件，需要 jest-dom 庫的支持)
|____ logo.svg (React logo 圖)
```

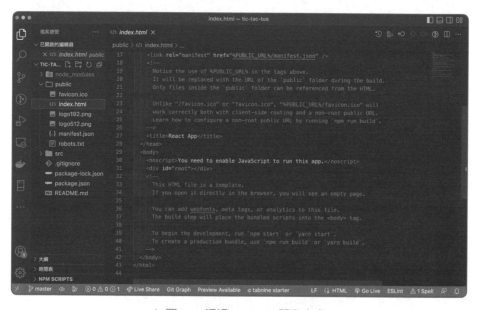

▲ 圖 1-7 透過 VSCode 開啟專案

我們來簡介一下這邊的結構，首先我們會看到兩個資料夾，分別為 public
和 src。

public 資料夾下最需要留意的是 index.html 這個檔案，這個是我們的頁面
模版，沒有例外的話，是我們專案裡面唯一一個 HTML 檔案，我們可以發
現，這一頁裡面除了在 <head></head> 裡面有一些頁面的設置之外，在
<body></body> 裡面除了 <div id="root"></div> 之外什麼都沒有。

<div id="root"></div> 是整個 React 應用程式最根部的節點，在 src/
index.js 檔案中可以看到，透過 ReactDOM 物件的 createRoot() 這個
function 來將 React 元素顯示到這個 root 元素上。換句話說，之後我們畫
面上所有的節點都會由 JavaScript 產生，並附加到 <div id="root"></
div> 上。

```
1  import React from 'react';
2  import ReactDOM from 'react-dom/client';
3  import './index.css';
4  import App from './App';
5  import reportWebVitals from './reportWebVitals';
6
7  const root = ReactDOM.createRoot(document.getElementById('root'));
8  root.render(
9    <React.StrictMode>
10     <App />
11   </React.StrictMode>
12 );
13
14 // If you want to start measuring performance in your app, pass a function
15 // to log results (for example: reportWebVitals(console.log))
16 // or send to an analytics endpoint. Learn more: https://bit.ly/CRA-vitals
17 reportWebVitals();
18
```

▲ 程 1-1 src/index.js 中的程式碼

之後的開發我們都會聚焦在 src 這個資料夾下面，剛剛已經介紹過 src/
index.js 了，可以說是我們整個專案的進入點，那我們可以看到 <App />

這個元件是引入 `src/App.js` 這個檔案的程式碼，接下來我們來看 `src/App.js`。

```
1 import logo from './logo.svg';
2 import './App.css';
3
4 function App() {
5   return (
6     <div className="App">
7       <header className="App-header">
8         <img src={logo} className="App-logo" alt="logo" />
9         <p>
10           Edit <code>src/App.js</code> and save to reload.
11         </p>
12         <a
13           className="App-link"
14           href="https://reactjs.org"
15           target="_blank"
16           rel="noopener noreferrer"
17         >
18           Learn React
19         </a>
20       </header>
21     </div>
22   );
23 }
24
25 export default App;
26
```

▲ 程 1-2 src/App.js 中的程式碼

`src/App.js` 裡面的 JSX 所描述的就是我們啟動本機伺服器之後，在網址列輸入 localhost:3000 看到畫面的內容。所以接下來我們圈圈叉叉遊戲就是要改掉這一頁的內容，因此，在這個檔案當中引入的 App.css 以及 logo.svg 都跟我們的遊戲專案無關，到時候在改寫這一頁的時候，我們就可以放心的把他們砍了。

1.2.2 ESLint

❏ 簡介 ESLint

ESLint 是一個檢查程式碼品質的工具。它可以幫助你檢查程式碼是否符合指定的規範，並指出不符合規範的地方。ESLint 支持多種程式語言，包括 JavaScript、TypeScript、Java 和 Python 等。你可以在程式碼中指定規範，然後通過命令行工具來執行 ESLint，它會自動檢查你的程式碼，並顯示出不符合規範的地方。通過使用 ESLint，你可以保證你的程式碼符合標準，並提高程式碼的可讀性和品質。舉例來說：

- 幫你找出語法錯誤
  - ex: 是否使用了沒有宣告的變數、是否少了括號等等常見的語法錯誤。
- 確保你遵循最佳實踐
  - ex: 不使用全域變數、建議使用 === 而非 ==、不使用 eval 等等。
- 提醒你刪掉多餘的程式碼
  - ex: 宣告了沒有被使用的變數、import 了沒有使用的模組、空的 class constructor 等等。
- 統一基本的 coding style
  - ex: 要不要加分號、使用單引號或雙引號、縮排使用 space 或 tab 等等。

ESLint 是眾多 Javascript Linter 中的其中一個，可以讓我們自由設置要使用哪些規則，等一下會舉例跟大家説明。也因為有了 ESLint 的規範，因此他幫助我們程式碼的寫法統一，特別是多個人在維護同一個專案的時候，因此能夠確保程式碼的品質。

❏ 安裝 ESLint

ESLint 提供了我們一些方便的指令與工具，讓我們透過選擇選項的方式，按照自己的需求設定 ESLint 規則，因此我們需要先全域安裝 ESLint：

```
$ npm install eslint -g
```

❏ 初始化 ESLint

在本專案的範例中，我們安裝的版本是 ESLint: 8.11.0。

在專案的目錄下，我們執行初始化設定的指令：

```
$ eslint --init
```

執行完這個指令之後，會陸續問你幾個問題，並根據你的回答來產生初始化的設定檔，以下是幾個主要的問題：

- 你想要如何使用 ESLint ？
  - 看你是希望只檢查語法，或者要幫你找到問題，又或者找到問題之後要強制統一代碼風格。
- 你的專案是使用什麼類型的 modules ？
  - 因為我們是 React 專案，我們選擇使用 JavaScript modules (import/export)。
- 你的專案使用哪個框架？
  - 這邊就根據我們的專案來選擇，因為我們是 React 專案，當然我們是選 React。
- 你的專案使用 TypeScript 嗎？
  - 如果將來有使用 TypeScript 時，我們再特別注意這一題的設定，因為我們初學 React ，希望能夠減少複雜度，因此我們本系列專案就不使用 TypeScript。
- 你的程式碼在哪裡運行？
  - 我們前端專案式跑在瀏覽器上，因此我們選擇 Browser
- 你的配置文件希望採用什麼格式呢？
  - 這裡比較常見的是使用 JavaScript 和 Json，我覺得就按照個人的偏好來選擇，本範例選擇使用 Json。

以下是我們選項的全文範例：

? How would you like to use ESLint? ⋯
　To check syntax only
> To check syntax and find problems
　To check syntax, find problems, and enforce code style

? What type of modules does your project use? ⋯
> JavaScript modules (import/export)
　CommonJS (require/exports)
　None of these

? Which framework does your project use? ⋯
> React
　Vue.js
　None of these

? Does your project use TypeScript? › No / Yes

? Where does your code run? ⋯　(Press <space> to select, <a> to toggle all, <i> to invert selection)
✓ Browser
　 Node

? What format do you want your config file to be in? ⋯
　JavaScript
　YAML
> JSON

Local ESLint installation not found.
The config that you"ve selected requires the following dependencies:

eslint-plugin-react@latest eslint@latest
? Would you like to install them now with npm? › No / Yes

假設你在第一題 How would you like to use ESLint? 的時候選擇 To check syntax, find problems, and enforce code style，那接下來他就會問你是要使用 popular style guide 還是要使用自己客製化的選項：

```
? How would you like to define a style for your project? …
❯ Use a popular style guide
  Answer questions about your style
  Inspect your JavaScript file(s)

? Which style guide do you want to follow? …
❯ Airbnb: https://github.com/airbnb/javascript
  Standard: https://github.com/standard/standard
  Google: https://github.com/google/eslint-config-google
```

當我們回答完上述的問題之後，ESLint 便會根據我們的回答初始化完設定檔，檔案會放在專案的根目錄下，由於我們選擇使用 Json 格式，因此檔案名稱為 `.eslintrc.json`：

```json
1 {
2     "env": {
3         "browser": true,
4         "es2021": true
5     },
6     "extends": [
7         "eslint:recommended",
8         "plugin:react/recommended"
9     ],
10    "parserOptions": {
11        "ecmaFeatures": {
12            "jsx": true
13        },
14        "ecmaVersion": 12,
15        "sourceType": "module"
16    },
17    "plugins": [
18        "react"
19    ],
20    "rules": {
21    }
22 }
23
```

▲ 程 1-3 .eslintrc.json

❏ ESLint 的設定

在設定檔當中，我們可以看見有一個 rules 的欄位，裡面就是可以按照我們的需要自由設置本專案程式碼的規則，這些配置的設定方式在 ESLint 的官網當中都找得到。建議讀者邊看設置，也一邊參考官網的文件，我們舉幾個例子來看：

```
"rules": {
    "semi": ["error", "always"],
    "indent": ["error", 2],
}
```

以第一個設置 "semi" 為例，這裡的設置是希望能夠統一分號使用的風格，因為 JavaScript 在所有類 C 語言中是比較獨特的，它不需要在每個語句的末尾有分號。所以如果沒有受到規範的話，我們的程式碼裡面有些地方結為有分號，有些地方沒有，因此這個設置可以幫助我們統一風格。以上面範例的設置為例，我們希望每個程式碼末尾「總是 (always)」都加上分號，並且當出現不符規則的狀況時，能夠跳出「錯誤 (error)」。

第二個例子，我們來看 "indent"，這個設置是希望程式碼能夠「強制使用一致的縮排」，雖然縮排並不是 JavaScript 強制性的規定，例如 JavaScript 不會像 Python 一樣，因為縮排寫錯了而讓程式碼執行錯誤或發生邏輯錯誤。不過，我們還是希望整體風格上能夠一致，這樣可以提高可讀性。那我們縮排風格也是很多樣，有的用 tab，有的用 space，除此之外，若有的用 2 spaces，有的用 4 spaces 來當作縮排，可以想像這種程式碼凌亂的程度。以上面範例的設置為例，我們希望統一使用 2 spaces 來當作統一的縮排規則，然後只要檢查到規則不符，就將視為「錯誤 (error)」。

上面的設置是我們提供教學用的範例，實際上 ESLint 能夠設置的規則很多元，本書中無法一一列舉，但希望能夠舉幾個例子，幫助讀者抓到感覺，然後參考官網的說明來設置適合自己專案的規則，當然如果覺得自己要一條一條設置這些規則很繁瑣，也可以在一開始初始化的時候選擇其他的 popular style guide，再從這些規則去做適合自己的調整即可。

1.2.3 styled-components

❏ 簡介 styled-components

styled-component 是一個 CSS-In-JS 的函式庫，讓你可以在 JSX 中撰寫 CSS code。更厲害的是，可以幫助我們做到在 CSS 比較不容易做到的條件判斷，例如你可以輕易的在 CSS 裡面撰寫條件判斷式，在某些條件成立時，才會改變樣式，像這樣的事情透過 styled-components 都能夠輕易的做到，所以我們在前端畫面樣式的變化上又更加的自由。

另一個厲害的事情是，CSS 的樣式跟 JSX 沒有違和感的結合，讓我們套用 CSS 樣式就像是在寫其他的 React 元件一樣，在 React 元件當中，父元件可以透過 props 的傳遞將參數傳給子元件，當然在 styled-components 當中也同樣能夠做到，因此傳入 props 參數進去 CSS 樣式裡面，讓 CSS 能夠隨著這個 props 做動態調整，CSS 因此能夠跟 JavaScript 的邏輯以及參數狀態融合在一起，這樣的神套件用過之後，瞬間會覺得自己彷彿成為了神一般，讓你對畫面想做什麼操作都能夠輕易的達成。

CSS-In-JS 當中還幫我們解決「命名衝突」的問題，取名字一直以來對於工程師來說都是一個很煩惱的問題，我們常常要對參數取名字、對 CSS 的 class 取名字，但常常要嘛就是取了文不對題的名字，要嘛就是取到重複的名字，造成命名衝突，如果 CSS 的 class name 衝突的話，很可能會造成樣式的錯亂。因此 styled-components 透過將 class name 做 hash 而成為唯一的名稱，因此順利解決了命名衝突的問題。

再來 styled-components 也提供了 ThemeProvider 這樣一個外層的 Component 來幫助我們實踐換網站主題設計的系統。 styled-components

使用了 React context API，讓我們想要的主題設定可以不用一定要藉由 props 一層一層往下，而是在 Render 時直接傳到整個 App 每一個 Components 及 styled-components。

舉個例子讓讀者能夠感受一下，首先我們看一下一般 CSS 的寫法，假設我們有一個神奇盒子，每次點擊他都會在藍色與紅色之間切換，為了改變樣式，我們需要準備兩個 class，並且在每次狀態改變的時候，套用不同的 CSS class：

```js
1  // Demo.js
2  import React, { useState } from "react";
3  import "App.css"
4
5  const App = () => {
6    const [color, setColor] = useState("red");
7    const handleChangeColor = () => {
8      setColor((prev) => prev === "red" ? "blue" : "red");
9    };
10   return(
11     <div className={`magic-box-${color}`} onClick={handleChangeColor}>
12       Magic Box
13     </div>
14   );
15 };
16
```

▲ 程 1-4 Demo.js

```css
1  /* App.css */
2  div.magic-box-red {
3    width: 100px;
4    height: 100px;
5    background: red;
6  }
7
8  div.magic-box-blue {
9    width: 100px;
10   height: 100px;
11   background: blue;
12 }
13
```

▲ 程 1-5 App.css

同樣的例子我們改用 styled-components 來試試看，跟上面的例子不同的是，CSS 和 JS 可以寫在同一個 JS 檔案中。我們只需要宣告一個 styled-components 的元件 MagicBox，並且讓 color 這個 props 傳入元件，CSS 的 background 就能夠直接取用這個 props 來改變顏色了：

```
1 // Demo.js
2 import React, { useState } from "react";
3 import styled from "styled-components";
4
5 const MagicBox = styled.div`
6   width: 100px;
7   height: 100px;
8   background: ${props => props.$color};
9 `;
10
11 const App = () => {
12   const [color, setColor] = useState("red");
13   const handleChangeColor = () => {
14     setColor((prev) => prev === "red" ? "blue" : "red");
15   };
16   return(
17     <MagicBox $color={color} onClick={handleChangeColor}>
18       Magic Box
19     </MagicBox>
20   );
21 };
22
```

▲ 程 1-6 使用 styled-components 的 Demo.js

下圖是上面的範例實際上所產生的 DOM 結構，我們可以發現，class 的名稱會被轉換為 hash 過的名字，因為 styled-components 希望透過這樣的方式來產生唯一的 class 名稱，藉此來避免命名衝突。

```
1 <html lang="en">
2   <head>...</head>
3   <body>
4     <noscript>You need to enable JavaScript to run this app.</noscript>
5     <div id="root">
6       <div class="sc-bcXHqe bfAjMt">Magic Box</div>
7     </div>
8   </body>
9 </html>
```

▲ 程 1-7

> 🐧 **小天使來補充**
> ● ● ● ● ● ● ● ● ● ●
>
> 可以看到在上述 <MagicBox /> 元件上有一個帶有「$」符號的 props，
> 即 $color。在 styled-components v5.1 之後，若在 props 加上「$」符
> 號為命名的變數，可以讓此 props 變數成為一個臨時的變數，只會停留
> 在 styled-components 這一層，可以防止他傳遞到下一層的 React 節
> 點。
>
> https://styled-components.com/docs/api#transient-props

❏ 安裝 styled-components

透過下面的指令，我們就能夠輕鬆安裝 styled-components：

```
$ npm install --save styled-components
```

我安裝的版本是 5.3.3。

另外做一個小補充，styled-components 提供了一個 Babel 的擴充套件，這
個擴充套件提供我們許多的好處。例如，雖然我們從 hash class name 得
到了避免「命名衝突」的問題，但是一體兩面的事情是，我們自此就很難
從 DOM 的結構上面透過 class name 來找到我們想要觀察的元件節點，因
為所有 class 都是 hash 值，沒有識別度，這個在除錯的時候真的還蠻造成
困擾的。

但如果專案是使用 create-react-app，則可以在引入 styled-component
時，改為 styled-components/macro，這樣就可以不用設定 Babel 的
config，也能解決 class 的亂數問題：

```
// 原本的
import styled from 'styled-components';
```

```
// 改成
import styled from 'styled-components/macro';
```

如下圖，從此以後我們的 DOM 結構上就不會只有 hash 過的 class name，
還有附上可辨識、可讀性高的名稱了！

```
1 <html lang="en">
2   <head>...</head>
3   <body>
4     <noscript>You need to enable JavaScript to run this app.</noscript>
5     <div id="root">
6       <div class="App__MagicBox-sc-evdwdn-0 glrnab">Magic Box</div>
7     </div>
8   </body>
9 </html>
```

▲ 程 1-8 可識別的 class 名稱

開發流程準備

開發新專案是既令人興奮又充滿挑戰的事。從最初的構思到研究和原型設計，每個產品發佈都是獨一無二的。不過，如果有一個通用流程，像是地圖一樣，第一步要作什麼、第二步要做什麼，這樣在開發的過程當中就會有一個固定的步調，或者說標準化的流程。使用這樣的方式來開發專案，可以幫助我們提高工作的效率，並且減少出錯的風險。

標準化的流程通常包括清晰的工作流程定義、針對特定問題的解決方案、任務分配等等。這個流程也很難說有一個標準的答案，只要同一個團隊的人取得共識，並且能順利幫助團隊解決問題就可以。

在跟著本書實作的過程中，即使只有一個人在進行開發，但我們仍能透過開發流程的規範來幫助我們提升開發效率，也能更精準的掌握開發的時程，這個是對於獨立接案的工作者也很需要的。

雖然本書中的專案並不是非常複雜，但我們也會定下一些流程，讓開發的過程更有紀律，更容易預估工時，希望透過這樣的練習，能幫助讀者們更好的掌握專案的時程，累積這樣的經驗之後，無論自己未來在職場的團隊合作上，或者自己獨立接案，都能有自信的掌握專案進度，甚至能更好的做好工作分配。

在接下來的每一個專案中，都會設計下面四個章節，包含專案介紹、規格書、設計圖說明、任務拆解，希望能幫助讀者「先瞭解，再實作」。

▌2.1 專案介紹

在專案介紹這個章節當中，希望能夠幫助讀者更融入這個遊戲的情境。我們對這個專案有認識、有感情，才會在開發的時候對他抱有熱情。

例如瞭解這個遊戲的由來、玩法，以及關於這個遊戲相關的背景知識或規則變化。瞭解相關的背景知識的好處很多，一方面可以幫助需求方和開發者彼此溝通更順暢、溝通時候能夠使用同樣的專有名詞來溝通，另一方面也能夠避免因為誤解情境而產生的 bug。

此外，每一個遊戲都有他的特色，也有我們在每一個專案當中想要著重練習的語法或技巧。所以也會先預告，若要能實作這個專案，需要掌握什麼技能，或者在這個專案當中會練習到什麼語法，藉此幫助讀者評估是否要選擇這個專案來練習。

▌2.2 規格書

大家記不記得小時候跟隔壁的鄰居玩捉迷藏、紅綠燈、鬼抓人的時候，常常跟這群人玩的規則是一套，跟另一群人玩的規則又是另一套呢？所以常常有人因為規則不同而被抓到要當鬼時會不服氣，因此很容易因為這樣就吵架甚至不歡而散。

長大之後回過頭來想就會發現，其實比起在追究誰對誰錯的問題，更根本的原因是因為大家在開始玩遊戲之前，對於遊戲的規則沒有共識，但總是在進行到一半的時候才發現，原來彼此心目中的規則是不同的，軟體開發的過程當中其實也有很類似的情況。

在軟體開發的過程當中，如果只是講一個大概或是簡單說明一下需求就開始開發的話，做出來的產品有很大的機會跟彼此想像的不同，甚至容易產生爭議。當爭議發生時，沒有一個明確的文件作為依據的話，我們很難去判定責任歸屬，也很難決定下一步該怎麼做，因此將產品定義清楚是軟體開發之前很重要的一件事喔！

不過話雖如此，要將產品規格書寫得清楚確實不是件容易的事，因此在這方面也有許多專門的書籍或文章。本系列的遊戲當中，我們要實作的功能比起大規模的產品相對來說比較簡單，因此，我會盡可能仔細地描述產品細節，將可能有爭議的地方定義清楚，並且我也會用標題及條列式來讓這些細節看起來更有組織，幫助大家在實作之前對整個遊戲輪廓有共識。

每個遊戲的規格說明，我大致上會做兩個分類，分別是「畫面與功能」以及「遊戲邏輯」。在畫面功能當中，我會描述遊戲畫面所需要的元件，以及該元件有什麼功能。在遊戲邏輯當中，我會定義遊戲的進行方式和規則。在看完下面的規格書之後，如果你心中看完有一個聲音大喊著「什麼！？原來連這種小地方都要定義喔？如果這裡沒有定義到，那真的會有問題耶！」那表示我們又往更有共識的方向邁進一步！希望這樣的體驗也能夠被讀者帶到自己的專案或是職場上，讓我們練習在開發之前把細節的地方都考慮得更周全。

▌2.3 設計圖說明

過往我在比較沒有經驗的時候，以為設計師就是完全憑自己的美感和喜好來畫出介面設計圖，覺得這樣比較好看和和諧，所以才決定這個按鈕的顏色、大小、與邊界的距離等等。但後來我發現這樣的想法不太正確。

在有比較完整規範的開發團隊當中，通常設計師會為這個團隊或公司的產品設計一個共同的介面設計規範 (UI Design Guideline)，這個介面設計規範裡面有對許多元件屬性的描述和定義，例如設計樣式、互動方式、配色方案、字體規格、間距大小、尺寸比例等等。透過介面設計規範，可以確保 UI 設計的一致性和可用性。介面設計規範可以讓使用者介面更加清晰和一致，並且可以提高使用者體驗。

因為介面設計已經有了規範，所以接下來的產品介面會需要根據這個規範
來做介面的設計。因此這些設計出來的介面是「有規範」的，不是完全憑
感覺，這個也是一門非常專業的學問，不是稍微覺得自己有點美感就能夠
做到的事。

不過，雖然實務上是這樣，但本書的內容著重在 React 實作的練習，因此
在設計圖方面沒有辦法有這麼完整的規範。

話雖如此，我們還是會為每一個專案提供一個介面的草稿，用來描述每一
個元件要放置的位置，這樣可以在實作之前跟讀者建立共同的認知，接著
再帶領讀者一步一步的完成設計圖上面的項目。

2.4 任務拆解

2.4.1 任務拆解的好處

在看完規格需求以及遊戲畫面之後，接下來在實作之前，我們要先將一個
大的任務拆解成許多小的任務。將任務拆解有許多的好處，接下來會逐一
說明。

❏ 更容易估算時間

工程師很常被 PM 問到的一句話就是「你這個東西需要做多久？」

特別是在職場上，我們面對一個龐大又複雜的專案的時候，我們很難對他
估算時間，就算勉強講出了一個時間，也是憑感覺講的，所以很容易不
準，這時 PM 又會跑來問你「上次不是說一個月嗎？啊怎麼一個月過後
還沒好？你還需要多久？」然後接下來的劇情只有兩條路，一個就是開始
吵架，另一條路就是再估一個不準的時間出去，結果很容易又造成下次遲
交，造成不斷的惡性循環，身為工程師的我們信用也會下降。

想像一下，即使你今天已經拿到一個完整的規格書和設計圖，問你這個購物網站要做多久？跟問你這個這個按鈕小元件要做多久？哪一個更容易回答呢？

我們對於一個太過龐大和複雜的東西真的很難預估，因為過程中難免也會有一些不可預期的狀況造成延遲。但反過來，如果我們面對一個相對簡單的任務時，我們就比較有把握可以估算，而且就算真的估錯了，大不了就是差幾個小時，慘一點頂多也差一兩天。

所以當我們把任務拆解完之後，估工時這件事就會變得容易許多。

❑ 讓 PM 能夠自行決定產品的走向

假設我們對一個任務估的工時是一個月，但是 PM 卻說我們沒有那麼多時間，我們需要兩個禮拜就要交出一個可上得了台面的初版，請你想想辦法。

如果我們今天沒有拆解任務的話，可能會如何呢？這時 PM 就會逼你兩週一定要給他一個交代，雖然你心裡知道兩週內要完成所有任務是不可能的，但此時你沒有別的辦法，要嘛就是跟 PM 吵架，要嘛就是自己摸摸鼻子回家加班，或是另一種結果，就是你一樣兩個禮拜交件，但是交出來的東西這裡缺那裡少，bug 一堆，PM 很不滿意，跟他想像有落差，所以這時你又會跟他吵說「我一開始不就跟你說兩個禮拜不可能嗎？這是你自找的」。

不過以上種種結果，工程師自己都無法順利脫身，因為上述的結果都是由工程師「自己決定」產品的走向。

但如果我們把任務拆解完成，我們就能夠很順理成章的把「決定」這件事情交給 PM，例如我們可以跟 PM 討論哪些功能他認為沒有那麼重要？哪些功能這次沒上沒關係？所以最終是 PM 在決定整個產品的完成度和走向，工程師只需要按照討論的結果把該做的任務完成就可以了。

❑ 可以分階段驗收、測試

假設今天有一個需要花費一個月工時的任務，如果我們任務完全都沒有拆解，那表示別人需要等待你一個月才能夠看到結果並且讓 QA 進行測試。但如果我們把任務拆解成四個一週就能完成的小任務呢？這樣可以讓 QA 或是 PM 從原本需要等待你一個月，縮短成只需要等你一週就行了。因此，彼此等待的時間可以縮短之外，也能夠幫助我們提早發現問題而提早調整。

❑ 臨時有任務插隊時更容易因應

不知道大家小時候大家玩遊戲的時候是否也有共同的經驗？如果這個遊戲你玩了一個小時，好不容易快要破關的時候，臨時被媽媽叫去吃飯、被叫去倒垃圾、或者被叫去要寫功課等等，但此時你又沒有紀錄點可以紀錄目前遊戲進度時，那種煎熬的心情不知道大家是否體驗過呢？因為如果你不馬上去做媽媽要求的事，你有可能遊戲會被沒收，但是你也不想放棄你目前遊戲的進度。

我們在開發過程當中很容易遇到突然有很緊急的事情需要插隊先做，例如用戶臨時要求需要某個功能幫助他處理緊急的問題，或者某個 bug 需要緊急被修正等等。但如果我們正在進行的工作一直無法告一段落的話，對於彼此來說也會很困擾。

反之，若臨時需要緊急處理別的事情，由於每個任務都小小的，我們就很容易能在短時間內把事情告一段落。或者就算放棄目前的段落，也不會放棄太多東西。

❑ 多人合作時，容易分工

拆解任務也是多人合作時一個必要的過程，任務被拆解完之後，才能夠更好的彼此認領任務，讓不同功能的開發能夠同時進行。

2.4.2 任務拆解的心法

既然將任務拆小有這麼多好處！我們已經迫不及待想要來拆了！但下一個問題就是，該如何拆呢？

當然拆解任務也沒有說一定要怎麼拆，根據團隊狀況和個人開發習慣來拆也是一個方法，不過隨著你怎麼拆解任務，會面臨到不同的取捨，以下幾個比較常見的狀況跟大家說明：

❑ 考慮功能的相依性

拆解任務時需要考慮每個任務之間的相依性，假設我們拆解出來的小任務都是環環相扣的，如果沒有完成前者，就無法完成後者，這樣的狀況非常多的話，那 PM 在安排開發進度的時候，就比較難做一些彈性的調整，例如他可能覺得有哪些功能特別重要需要你先完成，這樣的要求就會很難達到。

❑ 考慮多人合作

延續剛剛討論到的相依性問題，如果多人合作的專案，相依性的問題也會對於整個開發進度有顯而易見的影響，例如兩個工程師認領到的任務是彼此相依的，需要一個完成之後才能接著做另一個，這樣勢必一個人在做完之前，另一個人就會需要等待，這樣也就無法得到多人合作而能平行處理工作的好處，延伸性的問題就是，有些人並不是能力比較差才無法按時完成工作，而是他認領的工作常常被人家卡住，所以等到人家做完之後，他剩下的開發時間就非常的不夠。

❑ 考慮任務的完整性

在拆解任務的時候需要盡量讓每個任務是一個完整的交付單元。想像你今天有一個交付任務的對象，可能是客戶，也有可能是 PM。他們無法理解程式的邏輯，他們只知道你做出來的東西完不完整，有沒有 Bug。想像在學校交作業的時候，我們要繳交一篇長篇小說，假設這個小說因為時間考量來不及完成而少一個篇章，但前後邏輯順的話，可能不會被覺得怪怪的。但是如果文章的句子寫一半就交出去了，那在別人看來，他就會是不完整的。

❑ 考慮功能的單一性

如果在拆解任務的時候，有一張任務卡他包山包海，裡面就包含很多不同的功能，那就會失去拆解任務的初衷，並且同時我們也會發現，很難用一句話來描述這個任務卡。那如果有一個任務卡中包含兩個以上的任務，因為你認為他如果沒有一起完成就會導致流程不完整而無法交付，所以你想把他包在同一張卡當中。事實上，這樣的狀況還是有可能可以拆分的，我們只需要在拆分任務之後，標注這兩個任務有相關性就可以了，在許多專案管理系統裡面也會有這樣的功能。雖然這樣可能會違背前面提到的相依性的原則，但如果我們的任務真的太龐大了，還是會需要在這裡有一些斟酌。

🐧 **小天使來補充**
• • • • • • •

這些拆解任務的心法並不是鐵的紀律和法則。還是會需要依照專案的性質不同而有不同的考量。因為拆解任務可能會是很繁瑣的過程，甚至有時候同事之間也會因為這種小事意見不同而有些爭執。

但這些心法可能可以提供你一些不同的想法和考量，當你不知道怎麼下決定的時候，或許有一些原則可以提醒你漏考慮的部分，而幫助你解決問題。

▌2.5 任務實作

在任務實作的階段，我們會根據拆解完的小任務逐一實作，並且在實作的
過程當中逐一講解每一個步驟以及跟讀者一起討論不同作法的可行性、優
缺點分析。當最終成品完成時也會有成果展示。

▌2.6 篇章總結

在每次完成作品的最後，我們會對於前面所學的部分做一個總複習和重點
摘要，幫助讀者回憶本篇章所學的內容，以及也會一起討論這個專案是否
有其他延伸實作的可行性以及發想，這樣即使大家都讀了同一本書，做了
同樣的題目，但最終的成品也會因為個人的創意不同而各有特色。

3

技能大補帖

在技能大補帖這個章節當中，會說明幾個本書專案中常用到的語法和觀念。我特別挑了跟排版有關的 CSS 排版工具，如 CSS Flex、CSS Grid；以及常用到的 React Hook，這會讓我們更掌握 React 的狀態控制與生命週期；還有跟時間控制有關的 setTimeout、setInterval 來介紹。

如果讀者已經瞭解並熟練上述這些觀念，可以直接跳過這一章。但如果讀者對這些名詞一知半解或毫無概念，那這個章節將幫助你理解本書三個專案會用到的共同觀念和語法，希望能夠幫助讀者在進入實作單元前，能夠有足夠的掌握度。

3.1 CSS Flex

3.1.1 情境

當我們要對一些元件項目做水平或垂直排版的時候，為了讓畫面整齊好看，常常會面臨許多令人困擾的問題。

假設我們先考慮水平橫向排列，裡面的元素寬度也可能會長短不一時，或者裡面元素數量不固定時，我想要換行怎麼辦？我怎麼知道多少元素會超過一行的寬度？是兩個？還是三個？還是四個？

在橫向排列的時候，我不知道裡面元素的寬度各別是多少，因為有可能這些元素長寬不固定，也有可能動態伸縮，那我希望他不夠一行寬的時候，能自動伸長填滿一行，或是太長的時候，有些元素會需要被壓縮，這樣可行不可行？

這些元素都在同一行的時候，我可不可以決定他們要一起要置中、置左還是置右？

當我們學會並能夠自由的使用 Flex 的時候，上面這些看起來很麻煩的問題，都能夠被很輕鬆的解決，而且 Flex 能夠解決的問題，還不只上面這些情境，他提供的功能比我們上述提到的更豐富。

3.1.2 介紹

CSS Flex 是一種排版方式，它可以讓你在網頁中更靈活地安排元素的位置和尺寸。Flex 是「Flexible Box」的縮寫，意思是彈性盒子。Flex 排版方式可以讓你控制容器中的子元素如何放置，並且可以讓子元素在不同的螢幕尺寸下自動縮放。使用 Flex 排版方式，你可以輕鬆地實現響應式佈局設計。

3.1.3 Flex 的使用

在使用 Flex 之前，我們要先認識他的外容器與內元件，因為如果外容器與內元件彼此的角色搞錯，例如把內元件的屬性使用在外容器上，雖然語法本身沒有錯，但是因為屬性放錯地方，因此還是不會有作用。

❑ 圖解外容器與內元件

我們用下方這張圖來說明什麼是外容器與內元件：

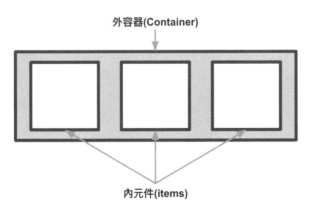

▲ 圖 3-1 外容器與內元件

以下是對應的程式碼結構：

```
1 <div className="flex-container">
2   <div className="item"></div>
3   <div className="item"></div>
4   <div className="item"></div>
5 </div>
```

▲ 程 3-1 CSS Flex 外容器與內元件結構

不知道就容易搞錯的重點知識

外容器和內元件 (子元件) 的區分真的很重要，雖然不難，但初學者一定要瞭解清楚才行！因為 CSS Flex 的屬性很多，有些是作用在外容器上，有些是作用在內元件上。如果把外容器上的屬性放到內元件上，或是反之將內元件的屬性放在外容器上，那勢必是不會有效果的，要特別留意喔！

特別是專案更複雜的時候，有可能這個元件是別人的內元件，但同時又是其內元件的外容器，因此觀念一定要弄清楚，才有辦法處理這些複雜的問題！

❏ 外容器的宣告

為了要開始使用 Flex，首先我們必須要先在外容器做宣告，延續上面的例子，我們可以這樣寫：

```
1  .container {
2    display: flex;
3  }
```

▲ 程 3-2 宣告外容器

❑ 元件的排列方式

在 Flex 容器上，我們能夠決定內元件的排列方式，例如我們能夠決定他是水平排列 (左到右)，或是反轉水平排列 (右到左)。當然，我們同樣的我們可以決定垂直排列 (上到下)，以及反轉垂直排列 (下到上)：

```
1  .container {
2    display: flex;
3    /* 有四個值，可以依照自己的需要指定一個方向，若不指定，預設為 row */
4    flex-direction: row | row-reverse | column | column-reverse;
5  }
```

▲ 程 3-3 元件的排列方式

不知道就容易搞錯的重點知識

你知道嗎？在 Flex 排版當中，主軸與交錯軸的定義會隨著 flex-direction 設置的不同而改變喔！

假設 flex-direction 為 row，表示我們指定水平軸為主軸，與他垂直的縱軸就是交錯軸，那如果反過來 flex-direction 為 column，則縱軸會成為主軸，水平軸是交錯軸，這邊的主軸和交錯軸會隨著容器方向的定義而不同，要特別留意喔！

因為在做元件對齊的時候，很容易搞錯主軸與交錯軸。

❑ 元件換行處理

若要處理內元件換行的狀況，我們可以使用 flex-wrap 來處理，分為換行、
不換行、換行時反轉。

```
1 .container {
2   display: flex;
3   flex-direction: column;
4   flex-wrap: nowrap | wrap | wrap-reverse;
5 }
```

▲ 程 3-4 元件換行處理

❑ 主軸對齊 justify-content

這個屬性是處理主軸對齊，我們要在這個容器上宣告，讓他的內元件按照
指定的方式對齊。主軸對齊有下面幾種方式，以橫向為主軸為例：

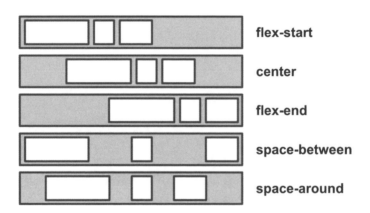

flex-start

center

flex-end

space-between

space-around

▲ 圖 3-2 主軸對齊

```
1 .container {
2   display: flex;
3   justify-content: flex-start | flex-end | center | space-between | space-around;
4 }
```

▲ 程 3-5 主軸對齊

設定值	說明
flex-start	這是 justify-content 屬性的預設值，意思就是把 flex 子元素從主軸開始一個個接著排。
flex-end	把 flex 子元素的尾端貼著主軸尾端排好。
center	把所有 flex 子元素集中在主軸中間排好，把多餘的空間平分在主軸兩側。
space-between	把多餘的空間平分在每個 flex 子元素之間。
space-around	除了把多餘的空間分配給每個 flex 子元素之間外，整個資料流的主軸兩側也分配空間。

❏ 交錯軸對齊 align-items

align-items 這個屬性是處理交錯軸對齊。以縱軸為交錯軸，效果如下圖：

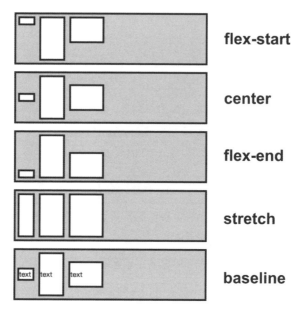

▲ 圖 3-3　交錯軸對齊

```
1 .container {
2   display: flex;
3   align-items: flex-start | flex-end | center | stretch | baseline;
4 }
```

▲ 程 3-6　交錯軸對齊

設定值	說明
flex-start	從交錯軸的起點 (上方) 開始排列。
flex-end	從交錯軸的終點 (下方) 開始排列。
center	排在交錯軸的中間。
stretch	這是 align-items 屬性的預設值，會在交錯軸上延展開來填滿容器，不過仍會被 min/max-width 規範給限制。
baseline	以 flex「子元素的底線」對齊。

❑ 內元件的 **Flex** 屬性

flex 是縮寫，裡面依序包含三個屬性 flex-grow、flex-shrink 和 flex-basis，
例如：

```
1  .item {
2      flex: 1 1 100px;
3  }
```

▲ 程 3-7 flex

flex 也可以被分別拆開來寫，例如：

```
1  .item {
2      flex-grow: 1;
3      flex-shrink: 1;
4      flex-basis: 100px;
5  }
```

▲ 程 3-8 flex 屬性拆開來撰寫

我們分別來說明這三個屬性：

設定值	說明
flex-grow	元件的伸展性，是一個數值，代表被分到剩餘空間的幾個單位，當空間分配還有剩餘時，會按照比例分配給同個容器下的內元件。預設值為 0，如果設置為 0 則不會縮放。
flex-shrink	元件的收縮性，是一個數值，代表空間不夠時需要壓縮多少比例單位，會按照比例從容器內各元件壓縮空間來符合容器大小，預設值為 1，如果設置為 0 則不會縮放。
flex-basis	元件的基準值，可使用不同的單位值，例如 px 為單位的長度。

下圖以 flex-grow 為例，可以看到，若每一個內元件的 flex-grow 都為 1，則剩餘的空間會等分給每個 flex 內元件，每一個內元件會拿到剩餘空間的 1/3，所以三個內元件看起來是一樣的寬度。

假設我們調整了中間的內元件，將其 flex-grow 設置為 2，可以明顯看出來他被分配到的剩餘寬度會按照比例增加，因為他拿到剩餘空間的 2/4。另外，雖然左右兩邊的內元件其 flex-grow 保持不變，但因為中間的 flex-grow 改變了，造成分母變大，分子不變的狀況，左右兩邊各分配到的剩餘空間則變為 1/4，因此才會比原先的 1/3 更小。

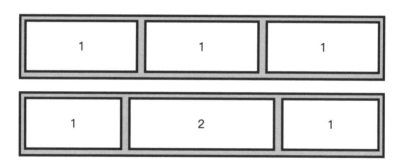

▲ 圖 3-4 flex 屬性的伸縮效果

👤 作者來敲門

在這個篇章我們簡單介紹一下 Flex 的用法，在這整本書的每一個練習幾乎都會使用到，是一個很常見的語法，特別是我們要做置中對齊的時候，無論是左右置中，上下置中，甚至響應式的排版，幾乎都可以使用 flex 來幫助我們處理，可以說是學一招就能打天下的語法，很值得大家多多熟悉喔！

3.2 CSS Grid

3.2.1 情境

先前我們介紹了 Flex 這個排版神器，他可以很彈性的幫我們處理水平軸和垂直軸的排版，是擅長處理一維排版空間的狀況。

但是除了單一方向的切版之外，我們很有可能需要處理平面切版的規劃，例如本書中的專案會用到的棋盤式排版，這時候 Grid 就很能夠發揮他的專長。

3.2.2 介紹

CSS Grid 是專門處理二維網格系統的排版工具，我們可以自行定義這些網格的橫向與縱向格線，甚至能夠群組這些網格，並指定內元件應該要排版在這些網格中的哪些地方。 Grid 排版方式還支持自適應布局和響應式設計，可以讓你的網頁在不同的螢幕尺寸下都能有良好的顯示效果，是在平面排版上非常實用的利器。

3.2.3 Grid 的使用

❑ 圖解外容器與內元件

使用 Grid 的方式其實跟 Flex 某些地方非常相似，我們一樣會需要瞭解外容器和內元件的概念，並且要清楚哪些語法是使用在外容器，哪些是使用在內元件，否則就算沒有打錯字，語法放錯地方還是不會生效的，這點也是一樣需要特別留意。

我們用下方這張圖來說明什麼是外容器與內元件：

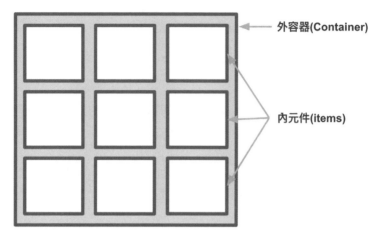

▲ 圖 3-5 外容器與內元件

以下是對應的程式碼結構：

```
 1 <div className="grid-container">
 2   <div className="item"></div>
 3   <div className="item"></div>
 4   <div className="item"></div>
 5   <div className="item"></div>
 6   <div className="item"></div>
 7   <div className="item"></div>
 8   <div className="item"></div>
 9   <div className="item"></div>
10   <div className="item"></div>
11 </div>
```

▲ 程 3-9 外容器與內元件結構

從上面程式碼我們就能夠稍微感受到 CSS Grid 這個神器的魅力。其實
HTML 的結構看起來很普通，只有一層父層和一層子層，但是卻僅透過
CSS Grid 就能夠輕易做到上面圖示的平面網格排版，這種能夠化繁為簡的
能力能夠幫助我們輕易的實現複雜的畫面排版。

❑ 外容器的宣告

跟 Flex 的語法很像，為了要開始使用 Grid，首先我們必須要先在外容器做宣告：

```
1 .container {
2   display: grid;
3 }
```

▲ 程 3-10 宣告外容器

❑ 外容器中定義版型的結構

Grid 在使用上，很大的一個重點是要在外容器當中定義版型的結構，換句話說，我們要定義出直排 (column) 及橫列 (row) 的格線。

grid-template-columns 定義水平方向的空間，grid-template-rows 定義垂直方向的空間，且可以使用大部分的單位數值。假設我們希望定義出下圖的 Grid 網格空間，其每個網格的大小如圖上說明所示：

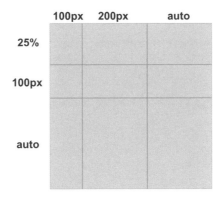

▲ 圖 3-6 Grid 網格空間

以下是上圖範例的程式碼：

```
 1 .grid-container {
 2   height: 500px;
 3   width: 500px;
 4   background: #CAD8F8;
 5   display: grid;
 6   grid-template-columns: 100px 200px auto;
 7   grid-template-rows: 25% 100px auto;
 8 }
 9
10 .item {
11   border: 1px solid #A1A1A1;
12 }
```

▲ 程 3-11　網格空間的 CSS

```
 1 <div className="grid-container">
 2   <div className="item"></div>
 3   <div className="item"></div>
 4   <div className="item"></div>
 5   <div className="item"></div>
 6   <div className="item"></div>
 7   <div className="item"></div>
 8   <div className="item"></div>
 9   <div className="item"></div>
10   <div className="item"></div>
11 </div>
```

▲ 程 3-12　網格空間的 HTML 結構

❑ 透過 area 定義區塊

除了可以如先前範例直接定義水平及垂直方向的空間之外，我們也可以透過 area 來定義區塊在 template 上的位置。

以先前的範例來做延續，我們剛剛得到了一個 3x3 的網格，總共有 9 個格子，那我們可以直接在這 9 個格子上分別透過 area 的名稱來標示哪些格式是屬於哪一個 area，舉例來說，就有點像是在這塊土地上插上誰的旗子，這塊土地就是誰的這樣一個概念。

請讀者想像一下，我們看到下面這張圖，如果我們今天沒有 grid-area 網格佈局的概念，你會怎麼來實現呢？ HTML 會怎麼寫？ CSS 會怎麼寫？建議讀者可以自己開一個檔案試著練習看看，看看我們 HTML 以及 CSS 的複雜度，也觀察看看要做出下面的切版，讀者自己需要花多少時間。

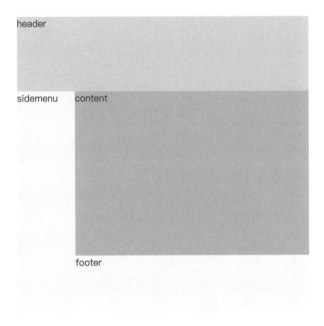

▲ 圖 3-7 grid-area 網格佈局範例

希望看到這邊的時候讀者已經試著做完上述的練習了，接下來我們來介紹 grid-area 神奇的魔力。

首先我們需要在外容器將每個區塊劃分出來，劃分的方式是使用 grid-template-areas 在該區塊標記上區塊的名字，因為我們有 3x3 總共 9 個區塊，所以記得每個區塊都要標註到喔！

```
1 .grid-container {
2   height: 500px;
3   width: 500px;
4
5   display: grid;
6   grid-template-columns: 100px 200px auto;
7   grid-template-rows: 25% auto 100px;
8   grid-template-areas:
9     "header header header"
10    "sidemenu content content"
11    "sidemenu footer footer";
12 }
```

▲ 程 3-13

所以從這個外容器來看，我們總共有 header, sidemenu, content, footer 這四個區塊，所以我們的 HTML 結構如下：

```
1 <div className="grid-container">
2   <div className="header">header</div>
3   <div className="sidemenu">sidemenu</div>
4   <div className="content">content</div>
5   <div className="footer">footer</div>
6 </div>
```

▲ 程 3-14

上面的 HTML 結構是不是過於簡單到讓你懷疑自己的眼睛呢？但是你沒有看錯，就是這麼簡單、粗暴、直覺。

最後，我們在每個 className 上面指定他是哪一個 grid-area，並且給他一點顏色瞧瞧：

```css
 1 .header {
 2   background: pink;
 3   grid-area: header;
 4 }
 5
 6 .sidemenu {
 7   background: yellow;
 8   grid-area: sidemenu;
 9 }
10
11 .content {
12   background: orange;
13   grid-area: content;
14 }
15
16 .footer {
17   background: #EEEEEE;
18   grid-area: footer;
19 }
```

▲ 程 3-15

到這邊為止，剛才給各位練習的範例就這樣在幾秒鐘之內完成了！

大家如果有練習剛剛給各位的習題，可以試著比較看看使用 grid-area 前後的差別，相信實際上練習過兩種寫法，必定會對於 grid-area 帶來的好處感到印象深刻！

👼 小天使來補充

小提醒，在外容器的 grid-template-area 當中，我們所標記的區塊必須是連續的，並且只能是水平或垂直，不能是 L 型、⊏ 字形、跨格線等等，這個語法上的限制需要在使用的時候特別留意喔！

3.3 React Hook

Hook 是 React 16.8 新增的功能。他可以讓我們在不透過撰寫 class component 的情況下使用 state 以及其他 React 特性。這可以讓開發者更容易地在函數元件中管理狀態，並為你的應用程序帶來更高的性能和更好的可維護性。

接下來介紹幾個本書中常用的 React Hook，讓讀者在本書中能夠減少遇到的困難。

3.3.1 useState 簡介

useState 可以讓我們在不使用 class component 的情況下使用 state。換句話說，useState 是一個讓你增加 React state 到 function component 的 Hook。它接受一個初始狀態作為參數，並返回一個陣列，其中第一個元素是當前狀態，第二個元素是一個更新狀態的函數。

舉例來說，在 class 中，我們需要藉由在 constructor 中初始化元件所需要的狀態參數：

```
1 import React, { Component } from 'react';
2
3 class Counter extends Component {
4   constructor(props) {
5     super(props);
6     this.state = {
7       count: 0
8     };
9   }
10
11   handleClick = () => {
12     this.setState({
13       count: this.state.count + 1,
14     });
15   };
16
17   render() {
18     return (
19       <div>
20         <p>You clicked {this.state.count} times</p>
21         <button onClick={this.handleClick}>
22           Click me
23         </button>
24       </div>
25     );
26   }
27 }
```

▲ 程 3-16

在 class 中我們要顯示目前的計數，我們使用 this.state.count。但在 function component 中，我們沒有 this，所以我們沒辦法指定或讀取 this.state。相反地，我們可以直接在 component 中呼叫 useState Hook。

```
1 import React, { useState } from 'react';
2
3 function Counter() {
4   const [count, setCount] = useState(0);
5
6   return (
7     <div>
8       <p>You clicked {count} times</p>
9       <button onClick={() => setCount(count + 1)}>
10        Click me
11      </button>
12    </div>
13  );
14 }
```

▲ 程 3-17

當我們使用 useState 宣告 state 變數，他會回傳一對在 array 裡的值。第一個值是目前 state 的值，第二個是一個可以更新 state 的 function。因為它們有特殊的意義，只用 [0] 和 [1] 來存取的話會令人困惑。所以我們使用陣列解構賦值來命名它們。

3.3.2 useEffect 簡介

如果你熟悉 React class 的生命週期方法，你可以把 useEffect 視為 componentDidMount，componentDidUpdate 和 componentWillUnmount 的組合。

透過這個 Hook，我們可以告訴 React 的 component 在 render 之後做一些事情，也就是 side effect。Effect Hook 讓你可以使用 function component 中的 side effect。預設情況下，useEffect 將會在第一次 render 之後執行一次。

資料 fetch、設定 subscription 或手動改變 React component 中的 DOM 都是 side effect 的範例。無論你是否習慣將這些操作稱為「side effect」（或簡稱「effect」），你之前可能已經在 component 中執行了這些操作。

我們直接來看範例，useEffect 允許我們傳入第二個參數，他是一個 array，用來比對 array 的內容是否改變，藉此來決定是否執行 useEffect 的內容：

```
1 useEffect(() => {
2   document.title = `You clicked ${count} times`;
3 }, [count]); // 僅在計數更改時才重新執行 effect
```

▲ 程 3-18 useEffect 範例

在上述的範例中，我們將 [count] 作為第二個參數傳遞。這是什麼意思？如果 count 是 5，然後我們的 component 重新 render，count 仍然等於 5，React 將比對前一個 render 的 [5] 和下一個 render 的 [5]。因為 array 中的每一項都相同（5 === 5），所以 React 將忽略這個 useEffect。那就是我們的最佳化。

當我們 render 時將 count 更新為 6，React 將比對前一個 render 的 array [5] 與下一個 render 的 array [6]。這次，React 將重新執行 useEffect，因為 5 !== 6。如果 array 中有多個項目，即使其中一項不同，React 也會重新執行 useEffect。

作者來敲門

React Hook 真的是對 React 開發者的一大福音！作者當初在寫這系列鐵人賽的時候，當時的版本還沒有 React Hook 可以用，所以全部都是用 class component 來實踐。有興趣的讀者可以去翻翻我的鐵人文章，當年真的寫好多程式碼呀！

但是自從我寫這本書時，全面改用 React Hook 之後，程式碼的邏輯整個就變簡單很多了呢！而且也變得簡潔和容易閱讀！

當然 Reac Hook 不只有上述介紹的 useState 和 useEffect 而已，只不過這兩個 Hooks 在本書中大量用運到，因此特別在大補帖當中跟讀者們補充。

若讀者希望對這兩個 Hooks 有更深入的瞭解，不妨去看看官網的文件，他的範例和說明也都很清楚詳盡，相信對讀者們會很有幫助！

3.4 setTimeout 與 setInterval

在本書當中，由於我們是以遊戲為主題，因此我們在許多時候會需要控制一些畫面的播放與進行，或是做一些延遲效果，讓畫面看起來更流暢和自然，所以我們會大量的使用到這兩個時間控制函式，我們一起來認識一下吧！

3.4.1 setTimeout()

setTimeout() 的作用 是在延遲了某段時間（單位為毫秒）之後，才去執行「一次」指定的程式碼，並且會回傳一個獨立的 timer ID：

```
1 const delayTime = 1000; // 單位：毫秒
2 let timeoutID = setTimeout(((() => {
3   console.log("執行某某任務!");
4 }), delayTime);
```

▲ 程 3-19 setTimeout

3.4.2 setInterval()

setInterval() 則是固定延遲了某段時間之後，才去執行對應的程式碼，然後「不斷循環」。 當然也會回傳一個獨立的 timer ID：

```
1 const timeInterval = 1000; // 單位：毫秒
2 let timeoutID = setInterval(((() => {
3   console.log("執行某某任務!");
4 }), timeInterval);
```

▲ 程 3-20 setInterval

兩者最主要的差異是 setTimeout() 只會執行一次就結束，而 setInterval() 則是會在間隔固定的時間不斷重複執行。

3.4.3 取消 setTimeout() 與 setInterval()

以 setInterval() 來說，因為函式一但啟動之後就會在固定的間隔時間不斷執行，如果沒有停下來的方法，可能就會造成很大的災難。

因此，這時我們可以用到 clearInterval() 來取消 setInterval()。

如上面所提到，當我們呼叫 setTimeout() 與 setInterval() 的時候，它們會回傳一個獨立的 timer ID，這個 ID 就是我們想要取消 setTimeout() 與 setInterval() 的時候能夠作為識別的數字。

```
1 clearTimeout(timeoutID);
```

▲ 程 3-21 setTimeout

當程式執行到 setTimeout() 的時候，就會取消 setTimeout() 了。

另外，同樣的方式，setInterval() 的取消方法就是 clearInterval()，用法和 clearTimeout() 是一樣的。

```
1 clearInterval(timeoutID);
```

▲ 程 3-22 clearInterval

兩者不同的是，因為 setTimeout() 只會執行一次，所以 clearTimeout() 只會在 setTimeout() 指定的時間未到時才會有作用 (例如延遲時間是 5 秒，我們需要在 5 秒以內執行取消動作才能成功取消)，如果 setTimeout() 的 callback function 已經被執行，那 clearTimeout() 就等同是多餘的了。

3.4.4 依序印出：0 1 2 3 4

這件事情雖然想像起來很簡單，但是有一些玄機在其中需要注意。

JavaScript 初學時，容易很直覺地寫下這樣的程式碼：

```
1 for( var i = 0; i < 5; i++ ) {
2   setTimeout(function() {
3     console.log(i);
4   }, 1000);
5 }
```

▲ 程 3-23　一秒鐘之後印出 5 次 5

但事實上，上面這段程式碼執行的結果是「一秒鐘之後印出 5 次 5」。

這是因為我們忽略了 JavaScript 變數有效範圍 (scope) 的最小單位是 function。所以當一秒過去，變數 i 的值會因為 for 迴圈已經瞬間跑 5 次了，setTimeout 拿到的 i 是 for 迴圈已經跑 5 次之後的計算結果。

所以，我們會需要透過隔離變數有效範圍來讓 setTimeout 能分別拿到當下那個迴圈的 i 變數：

```
1 for( var i = 0; i < 5; i++ ) {
2   (function(num){
3     setTimeout(function() {
4       console.log(num);
5     }, 1000 * num);
6   })(i);
7 }
```

▲ 程 3-24　使用 IIFE 依序印出

我們可以看到 function 在宣告出來之後立刻被執行，我們稱它為 IIFE (Immediately Invoked Function Expression)。

另外一個方法，就是我們在宣告 i 的時候使用 let 取代 var：

```
1 for( let i = 0; i < 5; i++ ) {
2   setTimeout(function() {
3     console.log(i);
4   }, 1000 * i);
5 }
```

▲ 程 3-25 使用 let

因為 let 有 Block Scope 的特性，所以他的變數作用有效範圍就會是當下那個迴圈的 Block Scope。

👤 作者來敲門

setTimeout 和 setInterval 兩個函式在遊戲類的專案當中很容易被使用到。以本書的專案為例，假設我們需要依序播放幾個音符當作旋律，其實就是剛剛「依序印出 0 1 2 3 4」這個題目的變化型。或者，在貪吃蛇遊戲當中，要讓貪吃蛇逐步移動，也會需要 setInerval 這個函式來幫助我們在固定時間改變蛇的位置。

不知道這樣說明，對這兩個函式是不是比較有感覺了呢？除此之外，「依序印出 0 1 2 3 4」這個題目也是前端面試的常考題喔！面試官可能會問你「如何依序印出 0 1 2 3 4？」，或者「請問上述這段程式碼的行為？會依序印出？還是會一次全部印出不同的數值？還是一次全部印出同樣的數值？」「如果要改寫，你要怎麼改？是否能說明其中的原理？」

雖然這個篇章比較短，但是如果學會靈活應用，那真的是賺翻了！

圈圈叉叉篇

▌4.1 專案介紹

4.1.1 遊戲簡介

圈圈叉叉遊戲 (Tic-Tac-Toe)，又稱為井字棋。

這個遊戲真的是風行世界各地，因此在各地也有不同有趣的稱呼。中國大陸、臺灣又稱為井字遊戲、圈圈叉叉、大告圓圈 (在上海話中，「大告」就是叉的意思)；另外也有打井遊戲、OX 棋的稱呼，香港則有井字過三關、過三關的名稱。

圈圈叉叉遊戲也是許多人的童年回憶，是一種常見的紙筆遊戲，顧名思義就是只要有一張紙和一枝筆，就能夠跟朋友一起嘻嘻哈哈打發時間。例如上課時間，如果老師上的內容太無聊，也會在座位上偷偷跟隔壁同學玩起來 (誤)。

聽說，在三排棋盤上玩的遊戲可以追溯到古埃及，在公元前 1300 年左右的屋瓦上發現了這種遊戲板。而現今我們所玩的圈圈叉叉遊戲的版本，最早被發現於羅馬帝國時期，當時稱之為「Terni Lapilli 」，也稱為「三個石頭」。可以想像在當時應該是在沙地上隨意畫個井字符號，就用隨手可得的石頭當作棋子玩起來了。Terni Lapilli 是圈圈叉叉遊戲的起源，它在 19 世紀晚期演變成現在的樣子，並被稱為「Noughts and Crosses」。在 20 世紀初，遊戲進入美國，並被稱為「Tic-tac-toe」。

一個簡單的遊戲居然從公元前流行了幾千年直到如今，是不是很不可思議呢？天啊！如果我能夠穿越到古代，或者法老王從金字塔復活走出來，我都有機會跟他玩圈圈叉叉呢！如果他願意跟你玩，而且玩的又是你從這本書上學到技巧所開發出來的遊戲，那就真的太酷了！

介紹完遊戲的歷史和講完幹話之後,我們來正式介紹一下雖然大家都已經知道的遊戲規則。相信大家對這個遊戲的玩法也都不陌生!遊戲規則是,兩個玩家,一個打圈 (O),一個打叉 (X),輪流在 3 乘 3 的格子上放上自己的符號,最先以「橫」、「直」或「斜」連成一線的人獲勝。如果雙方都下得正確無誤,將得和局。

由於圈圈叉叉遊戲的規則及變化很簡單,因此也常作為博弈論、賽局理論及人工智慧的範例。但由於本系列主軸為 React 應用練習題,因為我們會將練習的重點放在前端相關的技巧上,而遊戲勝負演算法的深入探討,將不在本系列的範疇。

4.1.2 學習重點

本篇重點將會放在

■ 專案設置
  ● 使用 create-react-app 快速準備好你的開發環境
  ● 安裝 Eslint ,幫助我們檢查 JavaScript 程式碼是否符合規則,提高程式碼品質

■ 遊戲畫面刻畫
  ● 練習使用 CSS Grid 以及 Flex 來處理橫向和縱向的排版
  ● 練習使用 styled-components 這套 CSS-In-JS library 在 JSX 中撰寫 CSS
  ● 練習處理按鈕各種狀態的樣式
  ● 練習使用 ThemeProvider 來全局式的管理整個專案的主題樣式
  ● 練習使用 keyframes 來做一些有趣的小動畫,讓遊戲錦上添花

- 遊戲互動設計
  - 練習使用 React 的事件處理，例如常見的點擊事件 (Click event)
  - 練習使用 React Hook 來處理元件的狀態以及管理生命週期

- 遊戲邏輯
  - 練習拆解複雜的問題，我們將實作一個非隨機的簡易下棋演算法，能夠跟電腦對弈
  - 讓電腦能夠取代人眼判斷勝負，增加遊戲的公平性

4.2 規格書

4.2.1 關於畫面與功能

- 井字棋盤與兩種棋子
  - 在畫面上我們用九宮格來當作井字棋盤
  - 在九宮格上任一格子可以透過點擊來擺放棋子
- 重新開始按鈕
  - 在遊戲進行中以及遊戲結束時，能夠點擊重新開始按鈕，點擊之後，遊戲狀態會被重新設置，使玩家能夠從頭開始一局新的遊戲。
- 電腦對弈模式、雙人模式
  - 在一局新的遊戲開始，或者遊戲進行當中，可以透過 switch button 自由切換電腦對弈模式或是雙人模式。
- 資訊看板
  - 資訊看板當中會顯示當下遊戲狀態，包含該回合輪到哪一位玩家，以及當遊戲結束時，會顯示遊戲結束條件，例如合局，或者該局贏家是哪一位玩家。

4.2.2 關於遊戲邏輯

- 兩個玩家輪流下棋，一人一個回合，由圈圈 (O) 開始，與叉叉 (X) 輪流，直到遊戲結束。

- 在電腦對弈模式中，輪到電腦下棋時，會設置一秒延遲時間以模擬思考運算的狀態，此時玩家若點擊九宮格當中的格子，將不會有任何作用 (例如不能多下一顆圈圈 (O)，或者不能代替電腦下一個叉叉 (X))。

- 已經被擺放棋子的格子不能再被任何人重複點擊，例如，已經被擺放圈圈 (O) 的格子，不能被叉叉 (X) 透過點擊覆蓋過去。

- 最先以「橫」、「直」或「斜」連成一線的玩家獲勝，並結束遊戲，無法再下棋。

- 若所有格子被填滿仍無人能連成一條線，為合局，結束遊戲，無法再下棋。

▍4.3 設計圖說明

實務上我們在跟設計師配合開發的時候，設計師會透過做圖軟體 (如 Figma, Adobe XD) 來畫設計稿，工程師只需要按照設計師給的設計稿把畫面刻出來就可以了。但是由於我們這系列的小遊戲練習是工程師自己的練習，因此在沒有設計師的協助之下，我們先按照自己心意以及按照我們所想要練習的項目來設計畫面。

4.3.1 桌面版展示

下圖是我們這次要做的圈圈叉叉小遊戲的展示圖，我們特意把各個主題功能分塊來放置，從上而下分別是「資訊看板」、「井字棋盤」、「重新開始按鈕」以及「模式切換按鈕」。

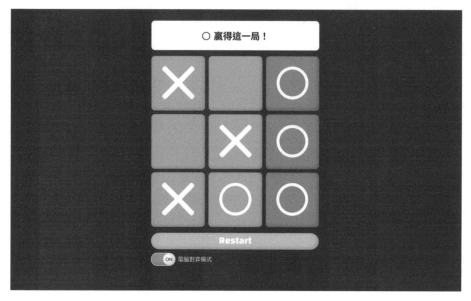

▲ 圖 4-1 桌面版圈圈叉叉小遊戲的展示圖

4.3.2 手機版展示

在畫面佈局方面，我們特意將整個視覺放置在中間，由上而下排列，主要是因為上而下的排列比起左右方向的排列，在 RWD 的變化上比較不會那麼複雜。當我們在窄螢幕裝置上面開啟我們的遊戲的時候，因為他排列方式非左右方向的延展，因此當左右空間不夠的時候，不用再為此動態調整畫面的佈局，下圖是以 iPhone12 Pro 裝置為例，長寬比例為 390 x 844：

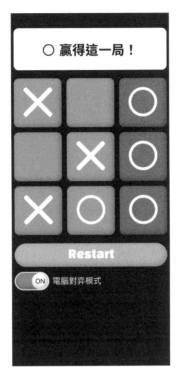

▲ 圖 4-2 手機版圈圈叉叉小遊戲的展示圖

4.4 任務拆解

4.4.1 任務拆解描述

在看完前面規格書的描述以及展示畫面之後,相信對於這個專案要做的事情已經有一定程度的掌握了,接下來我們就要對這個專案進行拆解。

在前面的單元當中,我們也已經對於拆解的重要性以及心法交給大家,那我們該要從何開始下手呢?如果真的完全沒有頭緒,那我們也可以試著以開發時間軸的先後順序來做思考的起點。

❑ 任務卡 01：準備開發環境

首先，專案從無到有的第一個步驟，一定會先準備開發環境，畢竟開發的順序絕對不可能先做後面的功能再準備開發環境，因為這個就已經違背了常理了，這就是前面提到的，「從開發時間軸的先後順序」來思考。

那準備開發環境可能會需要哪些項目呢？第一個當然要先創建一個專案，本書的專案採用的是 create-react-app，創完專案之後，可以順勢把需要的套件裝起來，例如我們會需要使用 eslint 來規範整個專案的統一寫法，再來我們也採用 styled-components 來撰寫 CSS。

❑ 任務卡 02：準備全局主題及樣式

在創建完一個專案之後，接下來可以思考，什麼事情若不做，那後面的功能也沒有辦法做呢？記得嗎？前面預告的時候有提到，我們希望使用 styled-components 的 ThemeProvider 來全局式的管理整個專案的主題樣式，如果這些顏色或樣式先準備好，這樣在後面開發各個元件需要用到顏色的時候，就能夠直接取用。否則，若順序倒過來，若我們先把樣式都刻好之後再來把各種樣式抽出來全局管理，這樣等於是同樣的樣式處理至少要做兩次。所以這個任務我們需要把全局的樣式準備好。

❑ 任務卡 03：畫面佈局切版

前面的開發環境以及前置設定都已經準備好了，剩下的工作就是要開始正式開發了。為了讓我們開發能夠順利進行，假設我們今天考慮到多人合作，或是希望這些任務卡相依性不要太高，那我們該怎麼做呢？

因此，我們可以先觀察一下畫面，如果我們先把畫面的區塊都分割好，這樣或許我們畫面從上而下的資訊看板、棋盤、功能操作區(重新開始按鈕、電腦模式切換)這些畫面刻畫部分就有機會可以被同時認領和進行了。所以這個任務我們要做的是把頁面區塊先劃分清楚，將各區塊先簡易的元件化，這樣也可以避免同時進行開發的時候不同人去改到同一個檔案，這樣也省去之後合併衝突的麻煩。

❏ 任務卡 04：設計資料結構

畫面區塊已經分割好了，接下來這些畫面會被開始實作，但是我們可以發現，這些畫面其實都會需要按照目前的資料狀態來顯示其內容。舉例來說，資訊看板裡面，我們需要知道目前是輪到哪一位玩家，遊戲目前狀態是正在進行中、已經出現贏家，或是已經和局結束。棋盤的部分，我們需要得到兩位玩家下過棋的位置資料才能夠顯示棋盤內容等等。

因此在這個任務當中，我們需要先準備好整個遊戲的資料結構，例如我們會需要儲存哪些參數來顯示特定的狀態。

❏ 任務卡 05：棋盤刻畫及點擊事件

我們已經可以開始刻畫棋盤了，在這裡，我們需要把九宮格的排版切割好，再來我們會需要處理下棋功能，換句話說，就是每一個格子被點擊的事件及對應的狀態改變。

❏ 任務卡 06：勝負判斷

既然已經可以開始下棋了，那我們接下來就會需要知道遊戲已經結束了沒？那結束的結果是誰勝利呢？還是和局呢？所以在這裡我們要做的就是要根據雙方下過棋的位置來判斷勝負。

❏ 任務卡 07：資訊看板

實作遊戲戰況資訊版，這題需要在資訊版上面呈現即時的資訊，包含目前是輪到哪一位玩家？若遊戲已經結束，是哪位玩家勝出？或是和局。

❑ 任務卡 08：重新開始按鈕

實作重新開始的按鈕，按下這顆按鈕，所有一切回到初始狀態，好像什麼事都沒有發生過一樣。

❑ 任務卡 09：切換電腦對弈模式

在這張卡中，要設計一個下棋的邏輯交給電腦，讓玩家可以跟電腦對弈，然後需要一個 switch button 來切換這個模式。

4.4.2 任務拆解總結

在這邊我們從幾個面向來看看最後任務拆解的結果：

- 任務卡 01：準備開發環境
- 任務卡 02：準備全局主題及樣式
- 任務卡 03：畫面佈局切版
- 任務卡 04：設計資料結構
- 任務卡 05：棋盤刻畫及點擊事件
- 任務卡 06：勝負判斷
- 任務卡 07：資訊看板
- 任務卡 08：重新開始按鈕
- 任務卡 09：切換電腦對弈模式

任務卡 01 ~ 04 是整個專案的基礎，我們可以發現這幾個任務的相依性比較高，有順序性，而且因為這幾個任務是整個專案的基礎，所以其他任務也需要基於這個基礎之上開發。因此，雖然這是分別四個小任務，但是實作上將這四個任務分給同一個人，使他按照順序開發，可以避免多人合作卻互相卡住的問題。

任務 05 ~ 08 在基於 01 ~ 04 完成之後，是可以看成互相獨立的任務，因為只要資料結構設計好，05 ~ 08 都能夠根據資料結構來實作對應的功能，所以如果要分配給多人同時進行，這幾個任務是比較適合的。

任務 09 會需要基於任務 05 會比較順暢，因為自動下棋會需要呼叫任務 05 的下棋函式，然後下完棋之後也需要判斷一下勝負結果，因此也可以把這個任務當成整個遊戲最後的收尾任務，順便驗證之前的任務是否整合正確。

若今天這個專案的 PM 他要求你最短時間完成一個圈圈叉叉遊戲，我們就可以思考，在這些任務當中，有哪幾個任務拿掉之後，他仍然是一個圈圈叉叉遊戲呢？如果將任務 02、06、07、08、09 都拿掉，其實還是足夠做出一個圈圈叉叉遊戲，只是這個遊戲只能下棋，然後需要玩家自己來判斷輸贏。所以此時我們就能夠跟 PM 討論，如果需要搶時間的話，到底拿掉哪些功能是他可以接受的，整個討論完之後，就能夠開始安排實作的進度了。

▌**4.5 任務卡 01：準備開發環境**

在這個任務當中，我們必須要完成下面這三件事情：

- 使用 create-react-app 創建一個專案
- 安裝 ESLint
- 安裝 styled-components

在本書「1.2 準備開發環境」這個章節中，已經詳細的說明如何安裝相關的環境，我們只要照著這個篇章的步驟逐一準備這個專案的環境就可以了。

4.5.1 使用 create-react-app 創建一個專案

本篇的遊戲是「圈圈叉叉」，英文是「Tic-Tac-Toe」，因此我們用 create-react-app 來創建一個專案：

```
$ npx create-react-app tic-tac-toe
```

等程式執行完畢之後，就能看到 tic-tac-toe 資料夾在剛剛下指令的目錄
下。進到這個資料夾裡面就能夠透過 npm 指令將專案啟動了：

```
$ cd tic-tac-toe
$ npm start
```

4.5.2 安裝 ESLint

在「1.2.2 ESLint」章節當中，已經詳細介紹了 ESLint 以及其安裝方式。因
此，按照先前介紹的部分，我們來把 ESLint 安裝並設定完成。

在專案的目錄下，我們執行初始化設定的指令：

```
$ eslint --init
```

按照指令的指示一步一步完成設定及安裝。

如果有自己慣用的規則，也請自行加入 rule 裡面，例如：

```
"rules": {
    "semi": ["error", "always"],
    "indent": ["error", 2],
}
```

4.5.3 安裝 styled-components

在「1.2.3 styled-components」章節當中，已經對 styled-components 做
過介紹。只要按照先前說明的方式將 styled-components 安裝起來即可。

在專案目錄下，透過下面的指令，可以輕鬆立即安裝 styled-components：

```
$ npm install --save styled-components
```

本書專案建議安裝版本為 v5 以上，在專案的 package.json 當中可以看到
所安裝的版本。

> **👤 作者來敲門**
>
> ---
>
> 這個任務卡是所有其他任務卡的基石，雖然安裝環境的過程比較繁瑣乏味，
> 但是還是相當重要的一環，好在我們有許多現成的工具和套件可以使用，因
> 此節省了不少時間。
>
> 這個章節比較簡短，但卻是每個專案都會需要的一個任務，這個任務只針對
> 需要的步驟帶領讀者一步一步完成，詳細的說明再請讀者詳閱「第一章、準
> 備開發工具及環境」。

4.6 任務卡 02：準備全局主題及樣式

在先前的任務當中我們已經安裝了 styled-components，接下來我們要使用
裡面的 ThemeProvider 來幫助我們管理全局的主題樣式。

4.6.1 簡介 ThemeProvider

ThemeProvider 是一個 React 元件，它可以讓你在應用程序中提供一個主
題 (theme) 來統一應用程式的外觀。使用 ThemeProvider，你可以在應用
程式當中統一樣式，或者輕鬆地更改應用程式的顏色、字體、行高等外觀
元素，而無需手動在每個元件中進行更改。最常見的應用就是切換網站的
Dark mode 以及 Light mode。

styled-components 當中也提供 `<ThemeProvider />` 元件，他是一個
Higher-Order Components，這個元件透過 context API 可以提供所有其子
元件相同的 theme props。

4.6.2 配置 ThemeProvider

接下來我們要來配置 ThemeProvider，如同前面所提到的，ThemeProvider 可以不用透過一層一層的 props 傳遞，就能夠讓每個節點使用我們統一的配置，因此能很容易更改全域的主題。

因此，為了讓大部分的子元件都能夠使用到這些主題的參數，我們要將 ThemeProvider 包在整個應用程式的跟節點：

```
1 import React, { useState } from "react";
2 import { ThemeProvider } from "styled-components";
3 import TicTacToe from "./TicTacToe";
4 import themes from "./themes";
5
6 const defaultTheme = Object.keys(themes)[0];
7
8 const App = () => {
9   const [selectedTheme, setSelectedTheme] = useState(defaultTheme);
10
11   return (
12     <ThemeProvider theme={themes[selectedTheme]}>
13       <TicTacToe />
14     </ThemeProvider>
15   );
16 };
17
18 export default App;
```

▲ 程 4-1 使用 ThemeProvider

這邊做的事情很單純，首先我們將 ThemeProvider 從 styled-components 當中引入，並且包覆住最根部的節點，因此他的所有子節點都能夠共用這些主題。再來我們將主題配置傳入名為 theme 的 props，這樣就搞定啦！

接下來我們來看一下我們主題的配置，這裡提供一個簡單的範例：

```js
1  // themes.js
2  const pinkPurple = {
3    color: "#FFFFFF",
4    background: "#390099",
5    block: {
6      normal: "#FF8FA3",
7      hover: "#FFB3C1",
8      active: "#fa506f",
9    },
10   chess: "#FFFFFF",
11   restartButton: {
12     normal: "#FFBD00",
13     hover: "#FFC933",
14     active: "#FFBE0A",
15   },
16   switchButton: {
17     on: "#FF758F",
18     off: "#a5a5a5"
19   }
20 };
21
22 export default {
23   default: pinkPurple,
24 };
```

▲ 程 4-2 配置 default 主題

這邊我們配置了一個 default 的主題，裡面定義好我們整個遊戲會需要用到的顏色，例如遊戲的背景色、棋盤格子的顏色，當然包含各種狀態下的顏色 (normal, hover, active)，重新開始按鈕的顏色等等。

從此之後，在所有 ThemeProvider 的子節點當中，我們都可以不用再透過額外的 props 傳入就能直接取用這些樣式，取用方式如下範例：

```
1 const Background = styled.div`
2   background: ${(props) => props.theme.background};
3 `;
```

▲ 程 4-3 不透過額外的 props 傳入來取得主題背景顏色

在接下來的任務卡中我們都會用這樣的方式來取用全域的顏色。

因此，假設我們今天想要換一個主題，我們只要把上面的結構再複製一份，做成另外一個同樣結構的物件，並且把裡面的顏色換掉：

```
1 // themes.js
2
3 const pinkPurple = {...};
4 const sakura = {...};        // 同 pinkPurple 結構，只是顏色改變
5 const chineseNewYear = {...}; // 同 pinkPurple 結構，只是顏色改變
6
7 export default {
8   default: pinkPurple,
9   sakura,
10   chineseNewYear,
11 };
```

▲ 程 4-4 新增其他主題顏色

如範例，假設我們除了 default 主題以外，我們還有一個櫻花 sakura 主題，還有一個中國新年主題 chineseNewYear，這樣我們就能夠透過把不同主題傳入 ThemeProvider 的 theme props 裡面，來做到如同切換多國語言一樣的變換主題了：

```
1 <ThemeProvider theme={themes.sakura}>
2   <TicTacToe />
3 </ThemeProvider>
```

▲ 程 4-5 使用 sakura 主題

4.6.3 配色小幫手

配色對於工程師來說確實是一大難題，特別是沒有設計師的設計稿可以倚靠的時候，真的是會自己亂配一通。

因此這裡提供一個配色小幫手 Coolors 給大家。

```
https://coolors.co/
```

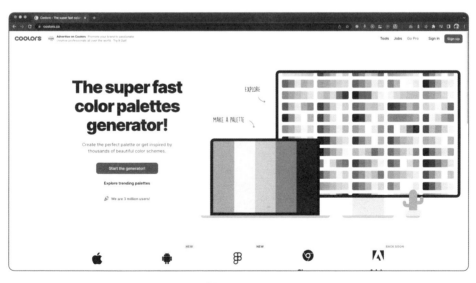

▲ 圖 4-3 Coolors

Coolors 提供我們創建調色盤的功能，即使我們在設計和美感上面並不是那麼熟練，也能夠很快速的在幾秒中之內生成一組完美批配的顏色。

在調色盤介面當中，我們所需要做的就是按下空白鍵 (Space) 來隨機生成一組調色盤，若這隨機的一組顏色中有自己中意的顏色，我們可以將他進行鎖定，並且持續重複按下空白鍵，當我們持續反覆上面兩個動作，我們將可以很快的得到我們需要的配色結果。

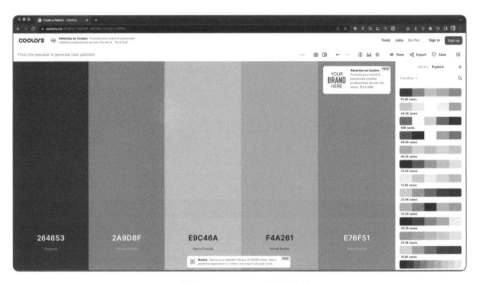

▲ 圖 4-4 Coolors 的調色盤

👤 作者來敲門

「任務卡 02」的內容算是開發前的前置設定，在這個任務當中我們完成幾件重要的事。首先我們認識並學會使用 ThemeProvider，接著也準備好幾種不同的主題。藉由不同的 theme props 傳入 ThemeProvider，可以做到切換主題顏色的功能。

學會這些事情真的非常棒不是嗎？只要準備好主題樣式，這樣只要逢年過節，就能透過介面的變化讓玩家得到不同的小驚喜，並且由於顏色是在全域控制，因此不用進入每一個元件當中逐一修改顏色，這樣的技巧讓我們在開發上省了不少時間，也省去不少的麻煩。

最後，在配色上面沒有天份的工程師也不用擔心，因為我們介紹了 Coolors 這個配色小幫手，讓配出來的顏色也能夠往設計師的水準再邁開一大步。希望這樣的配置能夠讓讀者做出來的遊戲配色能夠與眾不同！

4.7 任務卡 03：畫面佈局切版

如標題所說，我們這個任務是要將每個區塊劃分開來，可以的話，我們會希望每個區塊都是一個獨立、互相不干擾的元件，除了可以幫助我們能夠多人平行開發之外，也能夠讓元件彼此的相依性降低，避免改這個卻不預期的壞那個，或者甚至哪天我們要將元件替換掉的時候，也能夠像是拆解積木一樣，直接將該部位換掉，其他部位能夠保持原狀。

4.7.1 畫面佈局草稿

還記得我們剛開始展示的設計稿樣式嗎？我們看到設計稿之後，腦袋裡就可以開始將畫面做切割，如圖前面提到的，我們需要的元件有：

- 資訊看板
- 棋盤九宮格
- 操作按鈕區域
  - 重新開始按鈕
  - 切換電腦對弈或是雙人對弈模式按鈕

所以如果夠熟練的話，腦袋當中需要浮現下面這個畫面：

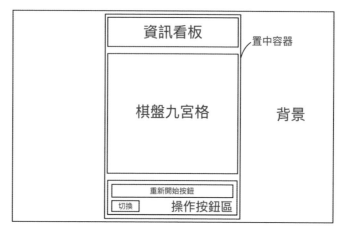

▲ 圖 4-5 畫面佈局切版

對於切版還不熟練的讀者，先別急著動手喔！我們要先練習把整個結構想清楚再下手。

對於 HTML 有一點認識的讀者，我們知道 DOM 是一個將 HTML 文件以樹狀的結構來表示的模型，而組合起來的樹狀圖，稱之為「DOM Tree」。以這個觀念為基礎，我們需要看著畫面來思考，這顆樹狀圖哪個元件應該是父元件、哪個元件是子元件，元件跟元件之間的父子關係搞清楚，才會建議開始下手寫 code。

從前面的描邊圖來看，包覆在比較外層的通常會是父元件，被包覆的是子元件。如果覺得一次看到畫面太多東西很雜、頭會開始暈，那我們就先練習一次看兩個，例如最外層的就是「背景」，我們看看他包覆著誰呢？沒錯，就是「置中容器」，所以兩個元件之間的父子關係就這樣區分開來了！

我們再來練習一次，透過洋蔥式的抽絲剝繭方法來看下一個，如果「置中容器」是父層的話，那他包覆的元件有誰呢？我們可以看見直接被他包覆的有「資訊看板」、「棋盤九宮格」以及「操作按鈕區」。那這三個元件彼此之間並沒有誰包覆誰的問題，他們是在同一層，所以我們知道這三個元件都是「置中元件」的直屬子元件。

4.7.2 畫面佈局樹狀圖

其他的部份依此類推，判定完元件彼此之間的父子關係之後，把全部連貫起來，我們可以得到下面這樣一個樹狀圖：

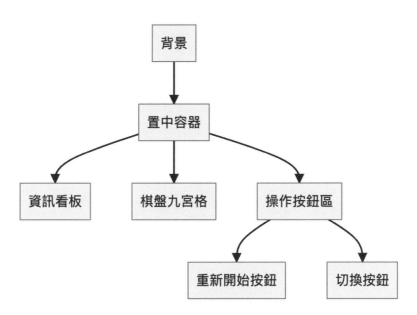

▲ 圖 4-6 圈圈叉叉遊戲的 DOM Tree

按照上面的樹狀圖 DOM tree 結構，我們就可以開始寫程式啦！

因為已經把結構都想清楚了，所以就可以很快速的把 HTML 結構勾勒出來，如下程式碼：

```
1 // src/TicTacToe.js
2 const TicTacToe = () => {
3   return (
4     <div className="background">
5       <div className="container">
6         <div className="information">資訊看板</div>
7         <div className="squares">棋盤九宮格</div>
8         <div className="actions">
9           <div className="restart">重新開始按鈕</div>
10          <div className="switch">切換按鈕</div>
11        </div>
12      </div>
13    </div>
14  );
15 };
```

▲ 程 4-6 Tic-Tac-Toe 的 HTML 結構

針對上面的結構，我們使用 styled-components 給予一些樣式，方便讀者
觀察，先暫時給定下面的樣式：

- 給每一個元件描邊 (border) 及內距，方便觀察
- 將「置中容器」放置於背景的正中間
- 讓「置中容器」中的元件垂直排列

```
 1 import styled from "styled-components";
 2
 3 const TicTacToeGame = styled.div`
 4   * {
 5     /* 給每一個元件描邊及內距，方便觀察 */
 6     border: 1px solid black;
 7     padding: 4px;
 8   }
 9
10   /* 將置中容器放置於背景的正中間 */
11   display: flex;
12   justify-content: center;
13   background: #EEEEEE;
14   padding: 20px;
15   min-height: 100vh;
16   box-sizing: border-box;
17
18   .container {
19     /* 讓置中容器中的元件垂直排列 */
20     display: flex;
21     flex-direction: column;
22     & > *:not(:first-of-type) {
23       margin-top: 4px; // 給元件之間一點間距
24     }
25   }
26
27   .actions {
28     & > *:not(:first-of-type) {
29       margin-top: 4px; // 給元件之間一點間距
30     }
31   }
32 `;
33
34 const TicTacToe = () => {
35   return (
36     <TicTacToeGame className="background">
37       <div className="container">
38         /* 同上，省略 */
39       </div>
40     </TicTacToeGame>
41   );
42 };
43
44 export default TicTacToe;
```

▲ 程 4-7 給予一些樣式，方便讀者觀察

在同樣的 HTML 結構上，我們稍微調整一下元件之間的距離，並且做一些簡單的排列，就會像是下圖的樣子，是不是已經跟上面的線稿圖很像了呢？

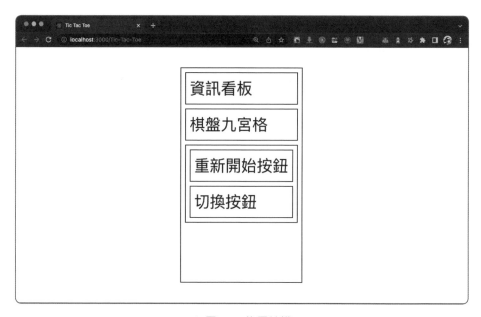

▲ 圖 4-7 佈局結構

當然目前的樣式還是太過於粗糙，但至少我們已經把元件之間切割開來了，接下來我們只要在之後的任務逐步調整各個元件樣式，就會跟設計稿越來越像了喔！

為了讓每個元件獨立出來成一個檔案，在不改變畫面的狀況下，調整一下我們的 JSX：

```
1 // src/TicTacToe.js
2 import styled from "styled-components";
3 import Information from "./components/Information";
4 import Squares from "./components/Squares";
5 import RestartButton from "./components/RestartButton";
6 import SwitchMode from "./components/SwitchMode";
7
8 const TicTacToeGame = styled.div`
9   /* 樣式同上，省略 */
10 `;
11
12 const TicTacToe = () => {
13   return (
14     <TicTacToeGame className="background">
15       <div className="container">
16         <Information />
17         <Squares />
18         <div className="actions">
19           <RestartButton />
20           <SwitchMode />
21         </div>
22       </div>
23     </TicTacToeGame>
24   );
25 };
26
27 export default TicTacToe;
```

▲ 程 4-8 讓每個元件獨立出來成一個檔案

對應到的資料夾結構就會如同下面這樣，在 src 資料夾下我們新增一個
components 資料夾，用來放我們遊戲當中切割出來的各個元件：

```
src
|____ components
      |____ Information.js
      |____ RestartButton.js
      |____ Squares.js
      |____ SwitchMode.js
```

```
|____ TicTacToe.js
|____ index.js
|____ index.css
|____ App.js
|____ reportWebVitals.js
|____ setupTests.js
```

👤 作者來敲門

在「任務卡 03」當中，我們成功的把設計稿上面配置的區域能夠轉換成 HTML 結構了！這真的是一件很不容易的事！這是讓設計稿上面的畫面轉變成程式碼的重要的一步！

在這個任務當中，我們讓每一個元件擁有自己的區域，並且最後，甚至也讓他有自己專屬的檔案。或許這麼做，畫面上看起來沒有任何改變，但事實上，這麼做能夠有效的減少不同開發者同時改到同一個檔案的機率！就算我們只有獨立開發，這麼做也能夠更有效的幫助開發者不會不小心在開發 A 元件的時候，無意間去改到 B 元件的功能！這就是為什麼有些人寫程式容易出錯，有些人比較不會的其中一個小技巧！

▌4.8 任務卡 04：設計資料結構

在這個單元當中我們要來規劃這個遊戲要儲存的資料。由於在 React 的框架上，大部分的操作都會從 data model 出發，當 data 被改變之後，對應的 UI 元件也會跟著被改變。因此在 data model 與 UI 之間會保持一個對應的關係，我們只需要專注在維護資料的狀態就可以了。在這個任務卡當中，我們就是要去設計這個資料的結構以及狀態。

來整理一下畫面上我們需要紀錄的事情：

■ 當前輪到哪一位玩家

  ● 我們需要有一個參數來紀錄當前輪到誰下棋，因為在這個遊戲當中只會
    有兩個玩家，所以會需要設計一個參數可以很容易切換角色，然後最好
    這個參數搭配的運算只會有兩種狀態，這樣最不容易切換錯誤。

■ 棋盤上目前的棋譜

  ● 在這個遊戲的棋盤總共有 9 個格子可以下棋，每一個格子只會有 3 種狀
    態其中一種，圈圈、叉叉、未被佔領，那我們需要有一個紀錄目前棋譜
    的參數。

■ 目前戰況

  ● 每一回合都可能會有改變戰況，這個戰況是資訊看板元件當中所要顯示
    的內容，其中的可能性包含目前還沒分出勝負、圈圈贏了、叉叉贏了、
    平手這四種可能。那這個戰況資訊需要從棋盤上目前的棋譜來判斷。

■ 贏家出現時連成的線

  ● 因為我們希望做到的效果是，當勝負已經分出來的時候，贏家連成一條
    線的那幾個格子可以很明顯的被表現出來，例如可能需要讓那幾個格子
    改變顏色，所以我們需要有一個參數來紀錄這件事情，這個資訊同樣可
    以從目前棋譜的狀態推導出來。

■ 距離勝利的最後一步棋的位置

  ● 在這個遊戲當中，我們特別紀錄了距離勝利的最後一步棋的位置。如果
    我們只是需要雙人對弈，其實我們可能就不需要這個資訊，但是因為本
    篇專案會實作電腦對弈的功能，因此會需要這個資訊幫助電腦能夠獲得
    勝利。

上面的參數介紹完之後，相信讀者會對這些參數有一個大致上的概念，但是相信還是有一點模糊，沒關係，我們再用每個元件需要哪些 props 的這個角度再來看看這些參數。

4.8.1 資訊看板

首先我們來看資訊看板元件需要哪一些 props：

```
1 <Information
2   currentPlayerId={currentPlayerId}
3   winnerId={winnerId}
4   isGameEndedInTie={isGameEndedInTie}
5 />
```

▲ 程 4-9 資訊看板元件需要的 props

在資訊看板中，在未分出勝負且未達成和局之前，我們需要顯示當前輪到哪一位玩家，所以我們需要 currentPlayerId。

因為我們只可能有兩位玩家，因此我希望兩位玩家的 Id 分別是 1 和 -1。為什麼這樣設計呢？因為我希望能夠利用一個數學上運算的特性來幫助我簡單的切換這兩位使用者，就是當 1 * -1 的時候會變成 -1，反之，當 -1 * -1 的時候會變成 1。因此我就不用管目前 currentPlayerId 是誰，我只要讓他每次乘上 -1，我就能夠切換使用者的 Id 了。

再來我需要判斷目前贏家是誰，所以需要 winnerId。winnerId 會有 3 種可能，當然前兩種就是分別兩位使用者的 Id，也就是 1 和 -1。但是遊戲還沒分出勝負，或是因為和局而沒有分出勝負的時候，我們也需要給他另外一個值，這裡我暫且給他 0，表示還沒有贏家誕生。

最後我需要一個參數來幫助我知道目前遊戲是否已經結束並且是和局，我給他命名為 isGameEndedInTie。這個參數的推算方式是，當所有的九宮格都不是空格，而且贏家還沒出現的時候，isGameEndedInTie 就會是 true。

只要有上述這三個參數的幫忙，我們就能夠顯示資訊看板的所有狀況了。

4.8.2 九宮格棋盤

接下來我們來看九宮格棋盤會需要哪些參數：

```
1 <Squares
2   playersStepsMap={playersStepsMap}
3   winnerStepsList={winnerStepsList}
4   handleClickSquare={handleClickSquare}
5 />
```

▲ 程 4-10 九宮格棋盤需要的 props

這裡我們逐一對九宮格的每一個格子做 0 ~ 8 的編號，然後透過 playersStepsMap 這個參數來紀錄兩位使用者分別佔領了哪一些格子，所以資料結構會像這樣：

```
1 const playersStepsMap = {
2   [-1]: [0, 1, 3],
3   [1]: [2, 4, 6]
4 }
```

▲ 程 4-11 兩位使用者佔領哪一些格子

如果出現贏家了，我們就會用 winnerStepsList 來讓連成一條線的格子特別顯眼。除了三個格子連成一條線之外，也有可能有贏家會同時連成兩條線，所以我們把這些應該要連成一條線的格子的編號用這個 list 記錄下來。

最後我們有一個 handleClickSquare 的 props，他是一個 callback function，用來處理點擊九宮格中的格子的事件。當點擊事件發生時，會需要檢查這個格子是不是被下過棋了，如果還沒被下過，那就能夠將自己的棋子放上去，換句話說，就是將這個格子的編號紀錄進去 playersStepsMap 這個參數當中。

🐧 小天使來補充

本專案用來記錄九宮格棋盤的方式是透過 playerStepsMap 分別記錄兩位玩家下過棋的地方。但是有趣的是，使用不同的資料結構也能夠用來表示九宮格的資料喔！像是下面這樣的結構也是可以的：

```
const map = [
  [0, 0, 0],
  [1, 0, -1],
  [1 ,0 , -1]
]
```

雖然可以表示一樣的資料，但隨著使用的資料結構不同，後續運算的時間複雜度和空間複雜度也會不同，各有其優缺點。

另外，不同的資料結構跟時間、空間複雜度有關之外，跟應用的場景也很有關係喔！例如，假設專案規格要求圈圈叉叉遊戲允許玩家反悔、允許回到上一步呢？那記錄九宮格的資料結構就不能只儲存當下的狀態，連過去的狀態也會需要記錄下來，可能就會需要設計成下面這樣：

```
 1 const map = [
 2    [
 3      [0, 0, 0],
 4      [0, 0, 0],
 5      [0, 0, 0],
 6    ],
 7    [
 8      [0, 0, 0],
 9      [0, 1, 0],
10      [0, 0, 0],
11    ],
12    [
13      [0, 0, 0],
14      [0, 1, 0],
15      [0, -1, 0],
16    ],
17 ]
```

讀者熟練基礎語法之後，不妨可以試著自己思考各種資料結構的優劣，並嘗試挑戰看看喔！

4.8.3 重新開始按鈕

畫面的最下面有操作按鈕區域，我們在這裡安排了兩個按鈕，首先我們來看重新開始按鈕：

```
1 <RestartButton
2   onClick={handleResetAllState}
3 />
```

▲ 程 4-12 重新開始按鈕需要的 props

這個按鈕很單純，只需要一個 props，用來觸發重新啟動事件。

4.8.4 切換模式

第二個按鈕是切換電腦對弈或是雙人對弈模式按鈕，這個按鈕需要有兩個 props，一個表示狀態，一個用來觸發事件：

```
1 <Switch
2   isActive={isSinglePlay}
3   onClick={handleSwitchPlayMode}
4 />
```

▲ 程 4-13 切換對弈模式按鈕需要的 props

用來表示狀態的是 isSinglePlay 這個 Boolean 值，當他為 true 的時候，表示單人模式，亦即單人與電腦對弈模式，此時要讓電腦能夠與玩家自動下棋。當 isSinglePlay 為 false 的時候，要關閉電腦下棋模式，讓兩個玩家能夠一起下棋。

4.8.5　資料結構總結

到目前為止，已經介紹完大部分我們會用到的參數，宣告好接下來要使用的參數之後，程式碼就會如同下面範例這樣：

```
1  const PLAYERS = [1, -1];
2  const defaultUsersSteps = {
3    [1]: [],
4    [-1]: []
5  };
6
7  const TicTacToe = () => {
8    const [currentPlayerId, setCurrentPlayerId] = useState(PLAYERS[0]);
9    const [playersStepsMap, setPlayersStepsMap] = useState(defaultUsersSteps);
10   const [isSinglePlay, setIsSinglePlay] = useState(false);
11   const [judgmentInfo, setJudgmentInfo] = useState({
12     winnerId: 0,
13     winnerStepsList: [],
14     lastStepsToWin: {}
15   });
16   const {
17     winnerId,
18     winnerStepsList,
19     lastStepsToWin
20   } = judgmentInfo;
21   const isGameEndedInTie = PLAYERS
22                           .flatMap((playerId) => playersStepsMap[playerId])
23                           .length === 9;
24
25   return (
26     <TicTacToeGame className="background">
27       /* 同上，省略 */
28     </TicTacToeGame>
29   );
30 };
31
32 export default TicTacToe;
```

▲ 程 4-14　資料結構程式碼

🐧 小天使來補充

- - - - - - - - - - - - - - -

上述程式碼 4-14 中，第 22 行使用到 flatMap 這個特別的函式。顧名思義它是 map() 和 flat() 函式的結合。讀者可以想像我們是先對這個陣列做 map() 運算之後，返回的結果再做 flat() 運算，可以說是一個厲害的連續技。換句話說，flatMap() 會將輸入陣列中的每個元素映射到一個新陣列中，然後將新陣列扁平化並返回。

舉例來說，我們想將一個二維的數字陣列，每一個數字乘以二，並且攤平成一維陣列，用下面的方式就能簡潔的做到：

```
1 const isGameEndedInTie = [[1, 2], [3, 4]].flatMap((item) => item * 2);
2
3 console.log(isGameEndedInTie); // [2, 4, 6, 8]
```

🧑 作者來敲門

在這個任務卡當中，我們做的事情非常重要！釐清並且定義需要的資訊，並且把這些資訊化為參數。這個任務讓我們對整個專案的邏輯更加清楚。因為已經把所需要的資料都準備好了，接下來只需要專注在畫面的刻劃就可以了！

▌**4.9 任務卡 05：棋盤刻畫及點擊事件** ▧▧

在這個任務當中要來處理棋盤的畫面切版，以及點擊棋盤格子的事件。

為了畫出棋盤，我們要做下面的幾件事：

- 規劃出棋盤的範圍，並且能夠隨著螢幕寬度來縮放。
- 使用 Grid 網格佈局來定義 3x3 棋盤。
- 做一點點畫面美化

4.9.1 規劃出棋盤的範圍

我們的棋盤是一個正方形，並且這個正方形會隨著寬度縮放。

透過這句話，我們就可以知道，視窗寬度會成為計算棋盤寬度的一個因子。那該怎麼做到這件事呢？

有幾種方法可以思考：

- 使用 JavaScript 監聽視窗的大小，當視窗大小改變時，重新計算棋盤的寬度。
- 使用 CSS3 好用的新單位 vw、vh。

第一種方法也是行得通的，但是這個方法需要寫的程式碼比較複雜，而且要有一個 JavaScript function 不斷監聽視窗大小的改變。

再來我們看看第二種方法，什麼？居然不需要用到 JavaScript，只需要透過 CSS 就能夠達成任務了嗎？看起來值得一試。

我們來介紹一下 CSS3 這兩個單位。

- vh：是 view height，指螢幕可視範圍「高度」的百分比。
- vw：是 view width，指螢幕可是範圍「寬度」的百分比。

其中，100vh 表示佔滿高度可視範圍的 100% 單位，而 50vh 當然就是可視高度的 50% 啦！

接下來我們來看一下，如何透過這兩個神奇的單位來讓我們的棋盤可以隨著寬度伸縮。

```
// src/constants.js
export const PAGE_PADDING = 8;
export const MAX_CONTENT_WIDTH = 600;
```

▲ 程 4-15 定義間距和棋盤大小的參數

```
// src/components/Squares/index.js
import React from "react";
import styled from "styled-components";
import { PAGE_PADDING, MAX_CONTENT_WIDTH } from "../constants";

const GridContainer = styled("div")`
  width: calc(100vw - ${PAGE_PADDING * 2}px);
  height: calc(100vw - ${PAGE_PADDING * 2}px);
  max-width: ${MAX_CONTENT_WIDTH - (PAGE_PADDING * 2)}px;
  max-height: ${MAX_CONTENT_WIDTH - (PAGE_PADDING * 2)}px;
`;

const Squares = () => {
  return (
    <GridContainer>棋盤九宮格</GridContainer>
  );
};

export default Squares;
```

▲ 程 4-16 棋盤九宮格程式碼

接下來說明一下上面的程式碼。

下面幾件事情是我們對這個棋盤的想像：

- 考慮畫面左右非常窄的狀況，例如手機 size 的視窗大小，我們希望棋盤的寬度填滿視窗的寬度，但可以的話，留一點間距空間。
- 但是當視窗大小是筆電或桌機大小這種比較大的 size 時，我們不希望棋盤佔滿整個螢幕，所以會希望他有一個最大寬度。

根據第一個條件，我們要讓棋盤佔滿左右寬度，並且稍微留一點間距，所以在 GridContainer 裡面這樣寫：

```
1 width: calc(100vw - ${PAGE_PADDING * 2}px);
2 height: calc(100vw - ${PAGE_PADDING * 2}px);
```

▲ 程 4-17 定義棋盤的長寬

calc function 是一個用來做數值運算的函式，尤其是針對於長度和寬度。而他最特別的是，運算的數值「不需要」相同單位。

所以我們用全滿寬度 100vw 扣掉左右兩邊的間距 padding x 2。高度的部分，因為棋盤的是正方形，所以高度要跟著寬度走，所以這裡沒寫錯，是用 vw 這個單位。

接下來，我們要限制棋盤最大的 size，因此我們要指定 max-width, max-height 這兩個 CSS 屬性。

那最大寬度 MAX_CONTENT_WIDTH 我是抓 600px，這個是我憑感覺抓的，因為如果抓太小，會不好做點擊的操作，太大的話，高度的空間會不夠，所以我稍微自己試了一下，覺得這個大小最剛好。

然後一樣，需要扣掉間距，所以在 GridContainer 當中我們給定：

```
1 max-width: ${MAX_CONTENT_WIDTH - (PAGE_PADDING * 2)}px;
2 max-height: ${MAX_CONTENT_WIDTH - (PAGE_PADDING * 2)}px;
```

▲ 程 4-18 棋盤長寬的最大值

以下是目前為止的樣子：

▲ 圖 4-8 規劃出棋盤的範圍展示圖

我們可以看到棋盤九宮格的區塊是一個完美的正方形，並且可以試著調整視窗大小，這個正方形也會隨著視窗而等比例縮放。

剛剛我們透過 min-width, min-height 來限制棋盤最大寬度：

```
1  const GridContainer = styled("div")`
2    width: calc(100vw - ${PAGE_PADDING * 2}px);
3    height: calc(100vw - ${PAGE_PADDING * 2}px);
4    max-width: ${MAX_CONTENT_WIDTH - (PAGE_PADDING * 2)}px;
5    max-height: ${MAX_CONTENT_WIDTH - (PAGE_PADDING * 2)}px;
6  `;
```

▲ 程 4-19 透過 min-width, min-height 限制棋盤最大寬度

但隨著 CSS 的進步，也提供了一些功能符號供我們使用，除了 calc() 之外，我們也能夠使用 min(), max(), round(), sin()... 等等。

仔細想一想，換句話說，其實我們要的效果，是在 100vw 和 MAX_CONTENT_WIDTH 取較小的那個值，不是嗎？

當螢幕寬度小於 MAX_CONTENT_WIDTH 時，也就是屏幕較窄的情況，我們希望他佔滿空間，取 100vw。當螢幕大於 MAX_CONTENT_WIDTH，我們希望他不要左右無限延伸，我們取 MAX_CONTENT_WIDTH，所以換個思維，改寫成下面這樣也是可以的：

```
1  const GridContainer = styled("div")`
2    width: min(
3          calc(100vw - ${PAGE_PADDING * 2}px),
4          ${MAX_CONTENT_WIDTH - (PAGE_PADDING * 2)}px
5        );
6    height: min(
7          calc(100vw - ${PAGE_PADDING * 2}px),
8          ${MAX_CONTENT_WIDTH - (PAGE_PADDING * 2)}px
9        );
10 `;
```

▲ 程 4-20 透過 min() 限制棋盤最大寬度

4.9.2 畫出棋盤上的格子

接下來我們要在上面這個正方形棋盤上畫出九個格子。

可以的話，希望讓每一個格子有他專屬的 ID 號碼。擁有專屬的 ID 號碼，我們就能夠直接存取我們指定的格子，例如說「我們要在 7 號格子上面下棋」，這樣一句話來表示就會很明確，在程式方面也會很好操作。

所以首先我們先創造出一個 0 ~ 8 的數字，並以陣列來儲存，這裡有三個步驟，我們用一行程式搞定：

1. 首先宣告長度為 9，但每個項目皆為 empty 的陣列 , new Array(9)。
2. 將每個項目填入預設值 0, new Array(9).fill(0)。
3. 最後，對這個陣列做迭代，讓每個項目的索引 index 成為每個項目的值：

```
1 const squareIds = new Array(9).fill(0).map((_, index) => index);
2 // [0, 1, 2, 3, 4, 5, 6, 7, 8]
```

▲ 程 4-21 創造出 0~8 數字的陣列

> 🐧 **小天使來補充**
>
> 上述步驟二當中，需要將每個項目填入預設值 0，因為 new Array() 創建陣列時，陣列中的元素是未定義的。換句話說，只有長度，沒有元素在陣列中。因此若沒有先填入預設值的話，結果將會得到每一個元素都是 undefined 的陣列。

有了這個陣列之後，我們就能夠把陣列中每個項目的數字當成九宮格每個格子的 ID，並把他迭代出來啦：

```js
1 // src/components/Squares/index.js
2 const squareIds = new Array(9).fill(0).map((_, index) => index);
3
4 const Squares = () => {
5   return (
6     <GridContainer>
7       {
8         squareIds.map((squareId) => (
9           <Square key={squareId} squareId={squareId} />
10        ))
11      }
12    </GridContainer>
13  );
14 };
15
16 export default Squares;
```

▲ 程 4-22 將棋盤上的格子迭代出來

其中，我們也將每個格子獨立成一個元件：

```js
1 // src/components/Squares/Square.js
2 import React from "react";
3 import PropTypes from "prop-types";
4
5 const Square = ({ squareId }) => (
6   <div>{squareId}</div>
7 );
8
9 Square.propTypes = {
10   squareId: PropTypes.number
11 };
12
13 export default Square;
```

▲ 程 4-23 格子元件

我們把上面程式碼解析一下展開，其實我們已經得到了這樣的結構：

```
 1 <GridContainer>
 2   <div>0</div>
 3   <div>1</div>
 4   <div>2</div>
 5   <div>3</div>
 6   <div>4</div>
 7   <div>5</div>
 8   <div>6</div>
 9   <div>7</div>
10   <div>8</div>
11 </GridContainer>
```

▲ 程 4-24 展開的格子 HTML 結構

接著，我們要用「技能大補帖」裡面提到的 Grid 來調整這些 div 節點的佈局，我們要讓他成為一個 3x3 的排版：

```
 1 const GridContainer = styled("div")`
 2   /* 為了聚焦重點先省略其他屬性... */
 3   display: grid;
 4   grid-template-columns: repeat(3, 1fr);
 5   grid-template-rows: repeat(3, 1fr);
 6   gap: 12px;
 7 `;
```

▲ 程 4-25 使用 Grid 佈局處理棋盤

這裡我們使用 display: grid 將外容器宣告為一個 Grid 容器。然後透過 grid-template-columns 及 grid-template-rows 宣告直向和橫向的佈局，最後每一個網格我們給他 gap: 12px 的間距。

做到這裡，我們就完成畫面上的九個格子了：

▲ 圖 4-9　畫出棋盤九宮格的展示圖

4.9.3 點擊棋盤事件

以下是我們這個小節要做的事：

- 點擊棋盤格子時，取得被點擊格子的 ID 並儲存在 state 當中。
- 棋盤要顯示被放置的棋子。

❑ 點擊棋盤格子

還記得我們之前設計的資料結構嗎？

```
1 const playersStepsMap = {
2   [-1]: [0, 1, 3],
3   [1]: [2, 4, 6]
4 };
```

▲ 程 4-26 兩位使用者佔領哪一些格子

上面這個結構指的是 -1 和 1 這兩個不同 ID 的玩家，分別已經佔領了哪一些格子。因此，我們要根據點擊事件拿到的 squareId，以及看目前的 currentPlayerId，來決定 playersStepsMap 要儲存的內容。

我們就直接開門見山來看點擊格子的 function 吧，這個 function 的流程如下：

- 先透過 squareId 檢查該格子是否可被下棋 (如果該格子上面已經被放置棋子了，這一格就不能被下棋)。
- 若該格子可被下棋，則將 squareId 儲存至 playersStepsMap 對應的角色資料當中。
- 下完棋之後，換另外一位玩家下棋。

我們來看第一步驟，要如何透過 squareId 檢查該格子是否可被下棋呢？

我們一樣是透過 playersStepsMap 這個參數來檢查，透過 playersStepsMap 就可以知道，玩家 id = 1 所佔領的格子有哪些：

```
1 const PLAYERS = [1, -1];
2 playersStepsMap[PLAYERS[0]];
```

▲ 程 4-27 取得玩家佔領哪一些格子

只要目前點擊的這個格子的 squareId 不在這個列表當中，就表示這個格子上面是空的：

```
1 playersStepsMap[PLAYERS[0]].indexOf(squareId) === -1;
```

▲ 程 4-28 格子上面是否有人佔領

> 🐧 **小天使來補充**
>
> indexOf 和 includes 都是 JavaScript 中用於檢查某個元素是否存在於陣列或字串中的方法。indexOf 會返回該元素所在位置的索引，如果找不到則返回 -1。而 includes 會回傳一個布林值，表示陣列或字串中是否包含該元素。

> indexOf 方法是 JavaScript 從 ECMAScript 5 就已經支援的，因此在大部分瀏覽器和 JavaScript 環境中都可以使用。includes 方法則是 ECMAScript 2016 才引入的，在一些舊版本的瀏覽器或 JavaScript 環境中可能不能使用。
>
> 如果你的程式需要在舊版本的瀏覽器或 JavaScript 環境中執行，那麼你應該使用 indexOf。如果你的程式只需在現代瀏覽器或 JavaScript 環境中執行，則可以使用 includes，會更為直觀喔！

因為兩位玩家都要檢查，畢竟你不能重複下棋在自己下過的格子上面，也不能把對方已經下棋的格子蓋掉：

```
1 const isSquareEnable = playersStepsMap[PLAYERS[0]].indexOf(squareId) === -1 &&
2                        playersStepsMap[PLAYERS[1]].indexOf(squareId) === -1;
```

▲ 程 4-29 檢查格子是否能被下棋

第二步驟，若這個格子是空的，可被下棋的，那你就把棋子放上去。所謂放上去，就是對方的棋譜不動，然後自己的棋譜後面再加上目前點擊格子的 squareId：

```
1 if (isSquareEnable) {
2   const nextPlayersStepsMap = {
3     ...playersStepsMap,
4     [currentPlayerId]: [...playersStepsMap[currentPlayerId], squareId]
5   };
6   setPlayersStepsMap(nextPlayersStepsMap);
7 }
```

▲ 程 4-30 若格子是空的，則將棋子放上去

最後第三步驟，下完棋之後，換另外一位玩家下棋，先前我們把兩位玩家的 ID 分別設計成 1 和 -1，就是在這邊會用到，我們只要把 ID 乘上 -1，就能夠交換玩家了：

```
1 setCurrentPlayerId((prev) => -1 * prev);
```

▲ 程 4-31 交換玩家

最後，完整的 handleClickSquare 如下：

```
 1 const handleClickSquare = (squareId) => {
 2   const isSquareEnable = playersStepsMap[PLAYERS[0]].indexOf(squareId) === -1 &&
 3                          playersStepsMap[PLAYERS[1]].indexOf(squareId) === -1;
 4   if (isSquareEnable) {
 5     const nextPlayersStepsMap = {
 6       ...playersStepsMap,
 7       [currentPlayerId]: [...playersStepsMap[currentPlayerId], squareId]
 8     };
 9     setPlayersStepsMap(nextPlayersStepsMap);
10     setCurrentPlayerId((prev) => -1 * prev);
11   }
12 };
```

▲ 程 4-32 完整的 handleClickSquare

然後我們就把這個 function 透過 props 一層一層傳下去，直到 square 上面就搞定了：

```
 1 <GridContainer>
 2   {
 3     squareIds.map((squareId) => (
 4       <Square
 5         key={squareId}
 6         onClick={() => handleClickSquare(squareId)}
 7       />
 8     ))
 9   }
10 </GridContainer>
```

▲ 程 4-33 將 handleClickSquare 當作 props 往下傳

❏ 棋盤要顯示被放置的棋子

透過剛剛完成的點擊事件，我們已經能夠將下過的棋存放在 playersStepsMap 這個 state 裡面了，接下來就是要按照這個 state 來顯示畫面。

以下面這個內容為例：

```
1 const playersStepsMap = {
2   [-1]: [0, 1, 3],
3   [1]: [2, 4, 6]
4 };
```

▲ 程 4-34

在 0, 1, 3 這三個格子當中，我們要顯示 ID = -1 這個玩家的棋子。同樣的，在 2, 4, 6 這三個格子當中，我們要顯示 ID = 1 這個玩家的棋子。那剩下的格子，就是還沒被下過棋的，我們就不顯示。

所以我想要準備一個 function 來幫我計算格子上面應該要放哪一位玩家的棋子：

```
1 const playerId = getPlayerId(...); // 回傳 1, -1 或 0
```

▲ 程 4-35 計算格子的狀態

以上述舉例的資料為例，我們就是把 playersStepsMap 攤開檢查，若該 squareId 在 playersStepsMap[-1] 當中，那這格就是 -1，若 squareId 在 playersStepsMap[1] 當中，那這格就是 1，若都不在，就是 0。

以下是我們的實作：

```
1 const Squares = ({ playersStepsMap, handleClickSquare }) => {
2   const playerIds = Object.keys(playersStepsMap);
3   const getPlayerId = (squareId) => {
4     let foundPlayerId = 0;
5     playerIds.forEach((playerId) => {
6       const steps = playersStepsMap[playerId];
7       if (steps.indexOf(squareId) > -1) {
8         foundPlayerId = Number(playerId);
9       }
10    });
11    return foundPlayerId;
12  };
13  return (
14    <GridContainer>
15      {
16        squareIds.map((squareId) => (
17          <Square
18            key={squareId}
19            onClick={() => handleClickSquare(squareId)}
20            playerId={getPlayerId(squareId)}
21          />
22        ))
23      }
24    </GridContainer>
25  );
26 };
```

▲ 程 4-36 將棋子放在格子上

```
1  // src/components/Squares/Square.js
2  import React from "react";
3  import PropTypes from "prop-types";
4
5  const Square = ({ playerId, onClick }) => {
6    return <div onClick={onClick}>{playerId}</div>;
7  };
8
9  Square.propTypes = {
10   playerId: PropTypes.number,
11   onClick: PropTypes.func,
12 };
13
14 export default Square;
```

▲ 程 4-37 Square 程式碼

下圖就是到目前為止的成果啦！

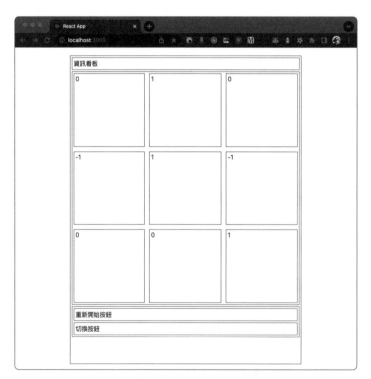

▲ 圖 4-10 棋盤上能夠放置對應玩家的棋子

4.9.4 畫面美化

在這個小節中，我想要對這個棋盤上個色，然後把玩家下的棋放上去。

首先，我們先準備好圈圈跟叉叉的兩個圖案。這個圖案可以上網找自己喜歡的，也可以用 html + css 自己刻。那如果我們找到的圖片是 png、jpg 等等圖，我們就可以用 html <img /> 來處理，圖片的部分讀者可以隨意決定。

如果真的沒頭緒，這裡也提供一個有免費 icon 的網站供大家參考：

```
https://www.flaticon.com/
```

這邊我們示範是用 SVG 圖，那我先手動把他轉換成 React 的元件，如下：

```js
1 // src/components/Icons/CircleIcon.js
2 import React from "react";
3
4 export const CircleIcon = (props) => (
5   <svg xmlns="http://www.w3.org/2000/svg" viewBox="0 0 512 512" {...props}>
6     <path d="M512 256C512 397.4 397.4 512 256 512C114.6 512 0 397.4 0 256C0
  114.6 114.6 0 256 0C397.4 0 512 114.6 512 256zM256 48C141.1 48 48 141.1 48
  256C48 370.9 141.1 464 256 464C370.9 464 464 370.9 464 256C464 141.1 370.9
  48 256 48z"/>
7   </svg>
8 );
```

▲ 程 4-38 CircleIcon

```
1  // src/components/Icons/CrossIcon.js
2  import React from "react";
3
4  export const CrossIcon = (props) => (
5    <svg xmlns="http://www.w3.org/2000/svg" viewBox="0 0 492 492" {...props}>
6      <path
7        d="M300.188,246L484.14,62.04c5.06-5.064,7.852-11.82,7.86-19.024c0-
   7.208-2.792-13.972-7.86-19.028L468.02,7.872 c-5.068-5.076-11.824-7.856-
   19.036-7.856c-7.2,0-13.956,2.78-19.024,7.856L246.008,191.82L62.048,7.872
   c-5.06-5.076-11.82-7.856-19.028-7.856c-7.2,0-13.96,2.78-
   19.02,7.856L7.872,23.988c-10.496,10.496-10.496,27.568,0,38.052
   L191.828,246L7.872,429.952c-5.064,5.072-7.852,11.828-
   7.852,19.032c0,7.204,2.788,13.96,7.852,19.028l16.124,16.116
   c5.06,5.072,11.824,7.856,19.02,7.856c7.208,0,13.968-2.784,19.028-
   7.856l183.96-183.952l183.952,183.952
   c5.068,5.072,11.824,7.856,19.024,7.856h0.008c7.204,0,13.96-2.784,19.028-
   7.856l16.12-16.116    c5.06-5.064,7.852-11.824,7.852-19.028c0-7.204-2.792-
   13.96-7.852-19.028L300.188,246z"
8      ></path>
9    </svg>
10 );
```

▲ 程 4-39 CrossIcon

準備好兩個 icon 之後，我特別做一個元件來當作棋子，這個元件會隨著傳
入的使用者是 playerId === 1 或 playerId === -1 來顯示不同棋子的圖案：

```
1  // src/components/Chess/index.js
2  import React from "react";
3  import PropTypes from "prop-types";
4  import { CircleIcon } from "../Icons/CircleIcon";
5  import { CrossIcon } from "../Icons/CrossIcon";
6
7  const Chess = ({ playerId, ...props }) => {
8    if (playerId === 1) {
9      return <CircleIcon {...props} />;
10   }
11   if (playerId === -1) {
12     return <CrossIcon {...props} />;
13   }
14   return null;
15 };
16
17 Chess.propTypes = {
18   playerId: PropTypes.number
19 };
20
21 export default Chess;
```

▲ 程 4-40 根據條件顯示不同棋子的圖案

最後我們把 Chess 放入 Square 當中，並且為他上色：

```javascript
// src/components/Squares/Square.js
const StyledSquare = styled.div`
  cursor: pointer;
  background: ${(props) => props.theme.block.normal};
  border-radius: 12px;
  box-shadow: inset -4px -4px 12px 0px rgb(0 0 0 / 20%);
  display: flex;
  justify-content: center;
  align-items: center;
  &:hover {
    background: ${(props) => props.theme.block.hover};
  }
  &:active {
    background: ${(props) => props.theme.block.active};
  }
  .square__chess-wrapper {
    width: 60%;
    fill: ${(props) => props.theme.chess};
  }
`;

const Square = ({ playerId, onClick }) => (
  <StyledSquare onClick={onClick}>
    <span className="square__chess-wrapper">
      <Chess playerId={playerId} className="squares__chess" />
    </span>
  </StyledSquare>
);
```

▲ 程 4-41 把 Chess 放入 Square 當中

這裡簡單說明一下我做的樣式調整，首先對於 Square，也就是棋盤中的每一個格子，在一般狀態下，我給他一個粉紅色的背景，這個背景是我們一開始定好的全局主題，所以我們透過 ThemeProvider 傳入的 props 可以直接拿到：

```
1 background: ${(props) => props.theme.block.normal};
```

▲ 程 4-42

當然，還有當 Square 被滑鼠 hover 或按下去 active 的時候，我們也改變他的顏色，以達到反饋的效果，當然這些顏色也是拜 ThemeProvider 所賜，我們可以透過 props 直接拿到先前定義的全局主題顏色：

```
1 &:hover {
2   background: ${(props) => props.theme.block.hover};
3 }
4
5 &:active {
6   background: ${(props) => props.theme.block.active};
7 }
```

▲ 程 4-43

剩下的就是一些小裝飾，例如：

- 加上一點陰影增加立體感
- 加一點圓邊讓 Sqaure 看起來不要那麼銳利，有一點卡通可愛感
- 然後也加上滑鼠的效果，讓滑鼠移到 Sqaure 上面時，可以變成「手」的形狀，讓玩家感受到這個框框是可以被點擊的：

```
1 border-radius: 12px; // 圓邊
2 box-shadow: inset -4px -4px 12px 0px rgb(0 0 0 / 20%); // 陰影
3 cursor: pointer; // 滑鼠效果
```

▲ 程 4-44

最後，為了將棋子置於 Sqaure 左右及上下的中間，我們特別把他用 ... 包起來，並且用技能大補帖裡面補充的 Flex 來達到置中的效果：

```
1 display: flex;
2 justify-content: center;
3 align-items: center;
```

▲ 程 4-45

```
1 const Square = ({ playerId, onClick }) => (
2   <StyledSquare onClick={onClick}>
3     <span className="square__chess-wrapper">
4       <Chess playerId={playerId} className="squares__chess" />
5     </span>
6   </StyledSquare>
7 );
```

▲ 程 4-46

> 🐧 **小天使來補充**
> ....
>
> 這裡的 StyledSquare 是 Flex 的外容器，... 是 Flex 的內元件，我們讓內元件對外容器置中。

在 span 上面，我們也透過他來限制子元件，也就是棋子的大小：

```
1 .square__chess-wrapper {
2   width: 60%;
3   fill: ${(props) => props.theme.chess};
4 }
```

▲ 程 4-47

下圖就是我們目前美化的效果啦：

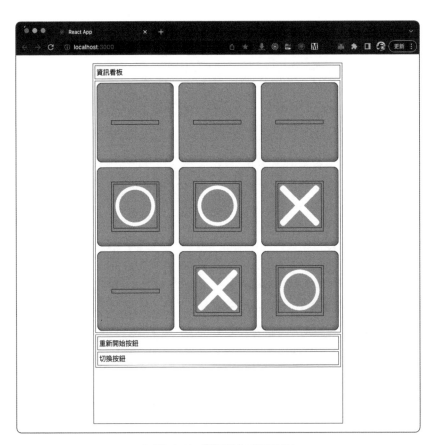

▲ 圖 4-11　畫面美化成果展示

當然這個美化並不是非常的完整，為了讓讀著知道各個元件的區域，我先留著黑色的框線，待整個遊戲完成之後這個框線會被拿掉。但目前已經可以看到，可愛的圈圈叉叉棋子已經可以被順利放上去了！

👤 作者來敲門

在這個小節當中，我們完成了整個遊戲最核心的事，就是能夠在棋盤上下棋。如果可以接受由人工來判斷勝負的話，其實到此為止我們就能夠玩得不亦樂乎了！

在這個單元中，我們練習了點擊事件的綁定，以及透過點擊來改變 state 裡面的資料，最後畫面也能夠根據 state 的內容來顯示，是一個很完整而且很常用的流程，如果可以的話，新手記得要多多練習和熟悉喔！

▌4.10 任務卡 06：勝負判斷

在能夠開始下棋之後，我們接下來要透過程式的邏輯判斷勝負。

我們先來思考勝負判斷的時機，在什麼時間點執行勝負判斷的 function 是最合宜的呢？我這邊提供的答案是，在每次回合結束後，也就是每次玩家下完棋之後就判斷一下勝負。在這個時機點進行判斷也符合我們平常遊戲的習慣，我們可以想想平常在下棋的時候，會在何時檢查誰輸誰贏呢？其實就是在玩家放下棋子之後的那個瞬間。

所以在我們「棋盤刻畫及點擊事件」當中的下棋 function，我們會需要在下完棋之後判斷一下勝負，並且把結果記錄下來，像是如下程式碼：

```
1  // src/TicTacToe.js
2  const hasWinner = winnerId !== 0;
3  const handleClickSquare = (squareId) => {
4    const isSquareEnable = playersStepsMap[PLAYERS[0]].indexOf(squareId) === -1 &&
5                           playersStepsMap[PLAYERS[1]].indexOf(squareId) === -1;
6    if (isSquareEnable && !hasWinner) {
7      const nextPlayersStepsMap = {
8        ...playersStepsMap,
9        [currentPlayerId]: [...playersStepsMap[currentPlayerId], squareId]
10     };
11     setPlayersStepsMap(nextPlayersStepsMap);
12     setJudgmentInfo(getJudgment(nextPlayersStepsMap)); // 判斷勝負之後，把結果記錄下來
13     setCurrentPlayerId((prev) => -1 * prev);
14   }
15 };
```

▲ 程 4-48

4.10.1 比較並選用不同的勝負判斷方法

在這個單元當中，我們就是要實作 `getJudgment(...)` 這個 function 的內容。

在判斷勝負的時候，我們通常有如下兩種方法可以考慮：

■ 窮舉法，窮舉出所有獲勝的案例，一一比對。

■ 計算法，利用演算法計算出所有連成一條線的棋子數是否達到指定條件，藉此判斷勝負。

我們來比較兩種思考方法的優劣。

首先窮舉法，這個方法的優點是非常直覺，就是把所有獲勝案例都列出來，一一比對就對了。但是適用情境是在棋盤足夠小，並且獲勝案例在我們可以掌握的數量。假設今天我們不只是井字棋，我們是五子棋、六子棋、十子棋等等，那窮舉法就會顯得非常沒有效率並且沒有彈性，要窮舉所有的勝利線，真的會有種遙遙無期的無助感。

接著我們討論計算法，其實優缺點跟窮舉法有點是對調過來，因為計算法會需要撰寫判斷棋子是否在指定的數量連成一條線的演算法，所以邏輯上會比窮舉法複雜，所以假設今天的棋盤大小很大，並且在這個棋盤上面連成一條勝利線的案例真的非常多種，計算法就很適合能夠應付這種情境，因為不怕你棋盤多大、勝利條件是幾顆棋子連成一線，用同一招演算法都可以打天下。這個方法可以適用各種情境，但開發成本和計算成本較高。

那我們這個專案該選擇哪個方案會比較好呢？

我們這裡要選擇的是「窮舉法」，因為考慮到我們井字棋的棋盤大小是 3x3 而已，並且固定 3 顆棋子連成一條線就達成勝利條件。因為我們的棋盤大小也不會很大，或是忽大忽小，而且勝利條件都是固定 3 顆棋子，所以我們採用窮舉法能夠最快速和簡潔的完成任務。

事不宜遲，我們直接窮舉一下所有的勝利條件：

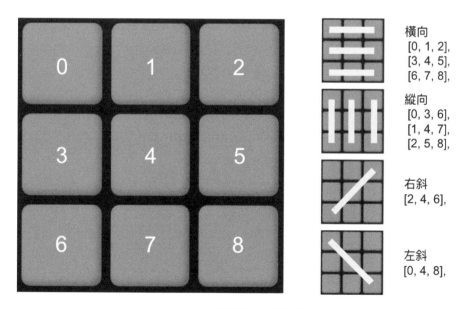

橫向
[0, 1, 2],
[3, 4, 5],
[6, 7, 8],

縱向
[0, 3, 6],
[1, 4, 7],
[2, 5, 8],

右斜
[2, 4, 6],

左斜
[0, 4, 8],

▲ 圖 4-12 窮舉所有的勝利條件

我們可以使用一個陣列的資料結構來儲存這些勝利條件，由於棋盤的大小不會隨著時間改變，並且總是以三顆棋子連成一線為勝利者，在這些限制條件之下，勝利組合是固定的，因此我們用 `WINNER_STEPS_LIST` 這個參數來存放：

```
 1 const WINNER_STEPS_LIST = [
 2   // 橫向
 3   [0, 1, 2],
 4   [3, 4, 5],
 5   [6, 7, 8],
 6
 7   // 縱向
 8   [0, 3, 6],
 9   [1, 4, 7],
10   [2, 5, 8],
11
12   // 右斜
13   [2, 4, 6],
14
15   // 左斜
16   [0, 4, 8]
17 ];
```

▲ 程 4-49

接下來，主要的判斷邏輯，就是我們要去比對每回合玩家下完棋之後，是否有任何一個人擁有上面 WINNER_STEPS_LIST 當中任何一個勝利組合。我們拆解步驟來看看。

4.10.2 實現勝負判斷的函式

❏ 第一步：

我們要對兩位玩家逐一檢查，首先來檢查 ID == 1 的玩家，假設下面是目前棋譜：

```
1 const playersStepsMap = {
2   [1]: [0, 1, 4, 8],
3   [-1]: [2, 3, 5]
4 };
```

▲ 程 4-50

那我們拿出 ID == 1 玩家的棋譜就是：

```
1 const userSteps = playersStepsMap[1]; // [0, 1, 4, 8]
```

▲ 程 4-51 ID == 1 玩家的棋譜

❑ 第二步：

我們要觀察目前玩家棋譜和勝利組合之間的關係，也就是說，我們想要知道這個玩家還差哪幾步棋能夠獲得勝利：

```
1 const remainingStepsList = WINNER_STEPS_LIST.map((steps) => (
2   steps.filter((step) => userSteps.indexOf(step) === -1) // 轉換成「還差哪幾步才能夠獲勝」
3 ));
```

▲ 程 4-52 玩家還差哪幾步棋能夠獲得勝利

以上述為例，我們轉換出來的結果就是：

```
1 const remainingStepsList = [
2   // 橫向
3   [2],
4   [3, 5],
5   [6, 7],
6
7   // 縱向
8   [3, 6],
9   [7],
10  [8],
11
12  // 右斜
13  [4],
14
15  // 左斜
16  []
17 ];
```

▲ 程 4-53 ID == 1 的玩家還差哪幾步棋能夠獲得勝利

remainingStepsList 這個陣列裡面的資訊非常重要，如果裡面的資料是 [] 相
這樣的空陣列，那就表示贏家已經出爐了！他不需要再下任何一步棋就能
夠獲勝，換句話說，就是已經獲勝啦！

那獲勝所連成一條的線，就是如下：

```
1 // 左斜
2 [0, 4, 8]
```

▲ 程 4-54 獲勝所連成一條的線

這個我們可以從 WINNER_STEPS_LIST 和 remainingStepsList 互相對應的 index 來查找。

接下來還有一些資訊也很重要，就是長度只有 1 的陣列，例如：

```
1 // 縱向
2 [7],
3 [8],
4
5 // 右斜
6 [4],
```

▲ 程 4-55 長度只有 1 的陣列

因為之後的任務卡中，我們會需要這些資訊，告訴電腦，你只要再下這些棋步當中的任何一步，你就能夠獲勝，可以拿來當做電腦對弈的判斷資訊。

❑ 第三步：

最後一步，我們就是需要把上面得到的資訊記錄下來，所以我們會得到：

- 勝利者的 ID
- 勝利者連成的勝利線

綜合上述的步驟的邏輯，如下就是我們的程式碼：

```
1 const getJudgment = (playersStepsMap) => {
2   const playerIds = Object.keys(playersStepsMap).map((playerId) => Number(playerId));
3   let winnerId = 0;
4   let winnerStepsList = [];
5   playerIds.forEach((playerId) => { // 逐一對兩位玩家做檢查
6     const userSteps = playersStepsMap[playerId]; // 拿出對應 ID 的玩家棋譜
7     const remainingStepsList = WINNER_STEPS_LIST.map((steps) => (
8       steps.filter((step) => userSteps.indexOf(step) === -1) // 轉換成「還差哪幾步才能夠獲勝」
9     ));
10    const foundWinner = remainingStepsList.filter((steps, index) => {
11      if (steps.length === 0) { // 如果差「0」步就能獲勝，就表示有人達成勝利條件了；
12        winnerStepsList = [
13          ...winnerStepsList,
14          WINNER_STEPS_LIST[index]
15        ]; // 有人達成勝利時，把勝利線(winnerStepsList)記錄下來
16        return true; // 有找到勝利者
17      }
18      return false; // 沒找到勝利者
19    }).length > 0;
20    if (foundWinner) {
21      winnerId = playerId; // 記錄勝利者 ID
22    }
23  });
24  return {
25    winnerId, // 勝利者 ID
26    winnerStepsList // 勝利者連成的勝利線(可能不只一條線)
27  };
28 };
```

▲ 程 4-56 getJudgment()

到目前為止，我們已經能夠在每回合進行勝利者的判斷了。剩下要做的事情，就是要把這些判斷完的資訊，以 props 一層一層傳下去，讓棋盤能夠按照這個 props 將勝利線顯示出來：

```
1 // src/TicTacToe.js
2 const { winnerStepsList } = judgmentInfo;
3 const winnerSteps = winnerStepsList.flatMap((steps) => steps);
4
5 <Squares
6   playersStepsMap={playersStepsMap}
7   winnerSteps={winnerSteps} // 勝利線資訊
8   handleClickSquare={handleClickSquare}
9 />
```

▲ 程 4-57

所以我們就能夠分辨出，哪一個棋盤上的格子是被連成一線的格子了：

```javascript
1  // src/components/Squares/index.js
2  const Squares = ({ winnerSteps, playersStepsMap, handleClickSquare }) => {
3    /* 省略先前說明過的程式碼 */
4    return (
5      <GridContainer>
6        {
7          squareIds.map((squareId) => (
8            <Square
9              key={squareId}
10             isWinnerStep={winnerSteps.indexOf(squareId) > -1} // 這一格是否是贏家連成一線的格子
11             onClick={() => handleClickSquare(squareId)}
12             playerId={getPlayerId(squareId)}
13           />
14         ))
15       }
16     </GridContainer>
17   );
18 };
```

▲ 程 4-58

4.10.3　贏家棋子的歡呼動畫

在贏家連成一線的格子上可以給他一些不一樣的樣式，下面這邊提供一個範例，我們讓連成一線的格子能夠改變背景顏色，並且給他一些動畫。因為贏家總是會歡天喜地的跳起來歡呼，我們就來作一個讓棋子可以歡呼跳起來的動畫：

```
  1  // src/components/Squares/Square.js
  2  import styled, { css, keyframes } from "styled-components";
  3
  4  const winnerStyle = css`
  5    background: ${(props) => props.theme.block.active};
  6    & > * {
  7      animation: ${worship} 1s ease-in-out infinite;
  8    }
  9  `;
 10
 11  const StyledSquare = styled.div`
 12    /* 省略先前說明過的程式碼 */
 13    ${({ $isWinnerStep }) => $isWinnerStep && winnerStyle}
 14  `;
 15
 16  const Square = ({ isWinnerStep, playerId, onClick }) => (
 17    <StyledSquare
 18      onClick={onClick}
 19      $isWinnerStep={isWinnerStep} // 是否為贏家連線的格子
 20    >
 21      <span className="square__chess-wrapper">
 22        <Chess playerId={playerId} className="squares__chess" />
 23      </span>
 24    </StyledSquare>
 25  );
```

▲ 程 4-59

下面是我們透過 keyframes 做的動畫影格：

```
 1 const worship = keyframes`
 2   0% {
 3     transform: scaleY(1);
 4   }
 5   40% {
 6     transform: scaleY(0.9) translateY(12px);
 7   }
 8   50% {
 9     transform: scaleY(1);
10   }
11   60% {
12     transform: scaleY(1.1) translateY(-20px);
13   }
14   62% {
15     transform: scaleY(1) translateY(-20px);
16   }
17   64% {
18     transform: scaleY(0.9) translateY(-20px);
19   }
20   66% {
21     transform: scaleY(1) translateY(-20px);
22   }
23   68% {
24     transform: scaleY(1.1) translateY(-20px);
25   }
26   100% {
27     transform: scaleY(1) translateY(0px);
28   }
29 `;
```

▲ 程 4-60

以下是成果展示：

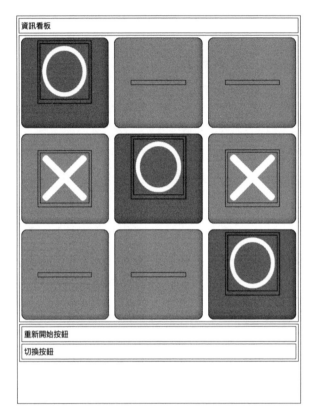

▲ 圖 4-13 跳起來歡呼動畫展示圖

總結一下這個小節完成的事：

- 我們演練了如何思考勝負判斷的邏輯，因此提出了窮舉法以及計算法兩種方法。這兩種方法都能夠很順利的解決問題，但是在選擇該用什麼方法的時候，我們需要分析這兩個方法的優缺點及適用情境，並且採取適合目前情境的解法。
- 決定使用窮舉法之後，我們逐步說明這個方法的每一個步驟，並且練習將這些步驟的邏輯轉換成程式碼。

- 完成窮舉法的函式之後，我們讓他在每回合結束的地方作判斷，並且將結果紀錄在 state 當中。
- 計算完之後的這些 state 成為相關元件的 props 傳遞到棋盤上，並且透過這些 props 參數來顯示對應的樣式。
- 最後，我們也練習了使用 styled-components 提供的 keyframes 來製作有趣又活潑的動畫效果。

4.11 任務卡 07：資訊看板

在這個任務卡中我們要實作遊戲戰況資訊看版，這題需要在資訊版上面呈現即時的資訊，包含：

- 目前是輪到哪一位玩家
- 若遊戲已經結束，是哪位玩家勝出
- 若遊戲結束但未出現勝利者，要顯示和局。

4.11.1 參數說明

很幸運的是，來到這一個任務卡的時候，我們已經將「勝負判斷」完成了，因此我們已經拿到充足的資訊來顯示結果：

```
1 const { winnerId } = judgmentInfo;
2 const isGameEndedInTie = PLAYERS.flatMap((playerId) => playersStepsMap[playerId]).length === 9 &&
3                        !hasWinner;
4
5 <Information
6   currentPlayerId={currentPlayerId}
7   winnerId={winnerId}
8   isGameEndedInTie={isGameEndedInTie}
9 />
```

▲ 程 4-61

說明一下資訊看板會用到的參數：

- currentPlayerId 是我們原本在設計資料結構的時候就有的 state，不用經過特別運算就可以直接拿來使用。
- winnerId 是我們在「勝負判斷」透過 getJudgment 函式計算出來的。
- isGameEndedInTie 是一個 boolean，判斷是否為和局。所謂的和局，白話來説就是所有的格子都被佔滿了，但是贏家卻還沒出現。

4.11.2 顯示邏輯流程圖

以流程圖來表示顯示邏輯如下：

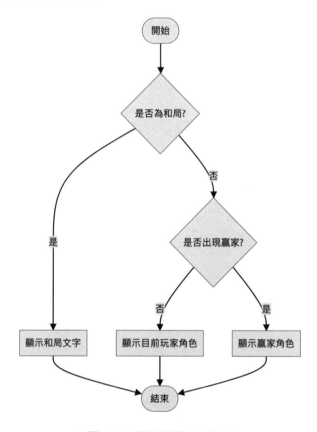

▲ 圖 4-14 資訊看板顯示流程圖

4.11.3 資訊看板程式碼

下面是我們資訊看板的程式碼，在 makeContent 函式中，我們按照流程圖
的邏輯來顯示相對應的資訊，而顯示棋子的圖案，我們也使用之前做過的
`<Chess />` 元件：

```js
1  // src/components/Information.js
2  import Chess from "../components/Chess";
3
4  const Information = ({ currentPlayerId, winnerId, isGameEndedInTie }) => {
5
6    const makeContent = () => {
7      const hasWinner = winnerId !== 0;
8      if (isGameEndedInTie) {
9        return <Text>和局</Text>;
10     }
11     if (!hasWinner) {
12       return (
13         <>
14           <Text>輪到：</Text>
15           <Chess playerId={currentPlayerId} className="information__chess" />
16         </>
17       );
18     }
19     return (
20       <>
21         <Chess playerId={winnerId} className="information__chess" />
22         <Text>贏得這一局！</Text>
23       </>
24     );
25   };
26
27   return (
28     <InformationContainer>
29       {makeContent()}
30     </InformationContainer>
31   );
32 };
```

▲ 程 4-62　makeContent 函式

4.11.4 使用 CSS Flex 調整顯示內容佈局

最後是 CSS 的樣式：

```
1  // src/components/Information.js
2  import styled from "styled-components";
3
4  const InformationContainer = styled.div`
5    display: flex;
6    align-items: center;
7    justify-content: center;
8    height: 100px;
9    border-radius: 12px;
10   background: #FFFFFF;
11   .information__chess {
12     width: 48px;
13   }
14 `;
15
16 const Text = styled.div`
17   margin-right: 20px;
18   font-family: "Noto Sans TC", sans-serif;
19   font-weight: 700;
20   font-size: 32px;
21   white-space: nowrap;
22 `;
```

▲ 程 4-63 資訊看板 CSS 樣式

這裡可以注意到，我們再次使用了 Flex 讓文字資訊和棋子圖案可以做橫向排版並且上下左右置中對齊：

```
1 display: flex;
2 align-items: center;
3 justify-content: center;
```

▲ 程 4-64

那我們的外容器就是 InformationContainer，內元件就是文字和棋子，如下示意：

```
1 <InformationContainer>
2   <Text>目前輪到:</Text>
3   <Chess playerId={currentPlayerId} className="information__chess" />
4 </InformationContainer>
```

▲ 程 4-65

其他的部分就是稍微調整一下元件大小、顏色、間距等等,這邊提供給大家參考。

下圖就是我們的成果:

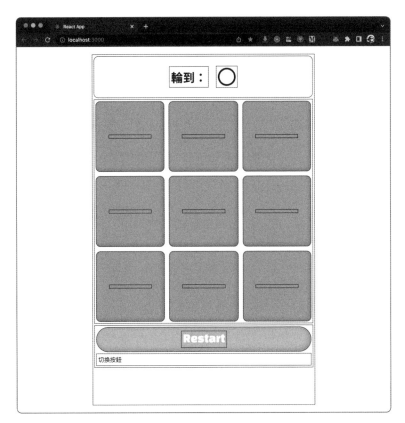

▲ 圖 4-15 資訊看板成果展示

在這個任務卡中我們所做的部分相對單純，因為我們需要的參數在勝負判斷都已經準備好了。我們完成的部分有：

■ 練習使用流程圖來釐清要判斷的邏輯。

■ 在 makeContent 中，透過一層一層的邏輯判斷，讓即時戰況的內容可以正確顯示出來。

■ 我們也重複使用了之前寫好的元件 <Chess />，讓同樣的輪子不用造兩次。

■ 再次練習用 Flex 做排版。

▌4.12 任務卡 08：重新開始按鈕

這個任務卡我們要來做重新開始的按鈕，按下這顆按鈕，所有一切將會回到起初狀態，好像什麼事都沒有發生過一樣。

我們在「設計資料結構」的任務卡中有提到，畫面的狀態是根據資料來做改變的。遊戲進行中的狀態與遊戲初始狀態的最主要差別，其實就是資料狀態的差別。

4.12.1 重設狀態的函式

所以換句話來說，我們要讓遊戲回到初始狀態，其實就只要把所有的 state 資料值設為跟初始狀態一樣就可以了。

那我們回想一下，我們會用到的資料狀態有哪一些呢？這邊幫大家整理，如下：

■ currentPlayerId，當前輪到哪一位玩家。

■ playersStepsMap，棋盤上目前的棋譜。

■ judgmentInfo，目前戰況，也就是「勝負判斷」任務當中，getJudgment()
計算出來的結果。

根據上面的整理，我們來製作一個可以把上述狀態都設為初始值的函式：

```js
1 // src/TicTacToe.js
2 const PLAYERS = [1, -1];
3 const defaultUsersSteps = {
4   [1]: [],
5   [-1]: []
6 };
7
8 const handleResetAllState = () => {
9   setCurrentPlayerId(PLAYERS[0]);
10   setPlayersStepsMap(defaultUsersSteps);
11   setJudgmentInfo({
12     winnerId: 0,
13     winnerStepsList: [],
14   });
15 };
```

▲ 程 4-66 把狀態都設為初始值的函式

到目前為止，我們核心的功能就完成了！

4.12.2 綁定函式到元件上

下一步，就是讓這個 handleResetAllState 可以當作 props 一路往下傳，讓
該按鈕可以觸發這個 function 就可以了：

```js
1 // src/TicTacToe.js
2 <RestartButton
3   onClick={handleResetAllState}
4 />
```

▲ 程 4-67 重新開始按鈕的介面

```
1  // src/components/RestartButton.js
2  const RestartButton = ({ onClick }) => {
3    return (
4      <StyledRestartButton onClick={onClick}>
5        <span>Restart</span>
6      </StyledRestartButton>
7    );
8  };
```

▲ 程 4-68 RestartButton

4.12.3 畫面美化

接下來，我們用一點 CSS 來讓這個按鈕看起來美美的：

```
1  import styled from "styled-components";
2
3  const StyledRestartButton = styled.div`
4    font-family: "Black Han Sans", sans-serif;
5    font-size: 28px;
6    background: ${(props) => props.theme.restartButton.normal};
7    box-shadow: inset -4px -4px 12px 0px rgb(0 0 0 / 20%);
8    &:hover {
9      background: ${(props) => props.theme.restartButton.hover};
10   }
11   &:active {
12     background: ${(props) => props.theme.restartButton.active};
13   }
14   color: ${(props) => props.theme.color};
15   border-radius: 50px;
16   height: 56px;
17   text-align: center;
18   vertical-align: middle;
19   display: flex;
20   justify-content: center;
21   align-items: center;
22   cursor: pointer;
23 `;
```

▲ 程 4-69

針對一些特別的部分做一點說明。

在顏色的部分,我們會使用 ThemeProvider 來拿取全域統一管理的主題顏色,所以在 styled-components 當中我們可以直接透過 props 拿到,一個按鈕有幾個狀態,就是一般狀態、滑鼠滑到按鈕上面的 hover 狀態、滑鼠點擊 mousedown 的 active 狀態,這三種狀態我們在全域的主題顏色管理當中都有定義,因此拿到這些顏色的方法如下:

```
1 background: ${(props) => props.theme.restartButton.normal};
2
3 &:hover {
4   background: ${(props) => props.theme.restartButton.hover};
5 }
6
7 &:active {
8   background: ${(props) => props.theme.restartButton.active};
9 }
```

程 4-70

接下來,我們的排版好夥伴 Flex 又要出場,這邊我們再次來練習內元件對外容器置中對齊的語法,當然,首先我們要先釐清誰是外容器,誰是內元件。以我們這個重新開始按鈕為例,`<StyledRestartButton />` 是外容器,`<span>...</span>` 是內元件:

```
1 <StyledRestartButton onClick={onClick}>
2   <span>Restart</span>
3 </StyledRestartButton>
```

▲ 程 4-71

最後，我們可以在 Google Fonts 上面選一個我們喜歡的字體，這裡我們選
用 Black Han Sans：

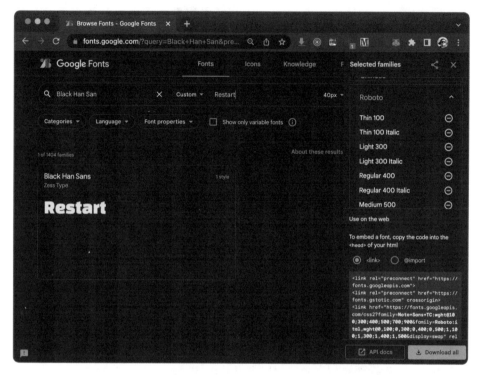

▲ 圖 4-16 使用 Google Fonts 的 Black Han Sans 字型

在 public/index.html 做安裝：

```html
1 <!-- public/index.html -->
2 <link rel="preconnect" href="https://fonts.googleapis.com">
3 <link rel="preconnect" href="https://fonts.gstatic.com" crossorigin>
4 <link href="https://fonts.googleapis.com/css2?
  family=Black+Han+Sans&family=Noto+Sans+TC:wght@100;300;400;500;700;900&display=swap" rel="stylesheet">
```

▲ 程 4-72

這樣就能夠在 CSS 當中使用這個字體了：

```
1 font-family: "Black Han Sans", sans-serif;
```

▲ 程 4-73

下圖就是我們完成「重新開始按鈕」的成品了：

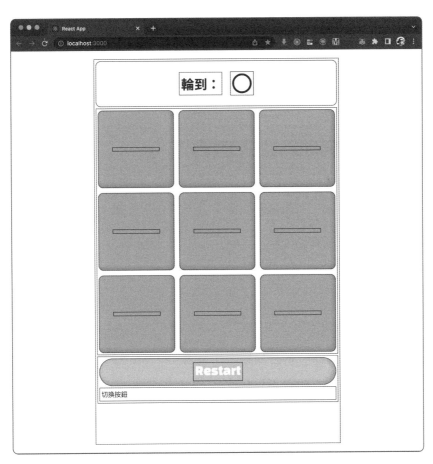

▲ 圖 4-17 重新開始按鈕成果展示圖

這是一個相對較小的任務，我們做的事情有：

- 實現 handleResetAllState 這個 function，用來重設所有 state 回預設值。
- CSS 美化，包含
  - 練習使用 ThemeProvider 的全域主題來為按鈕的不同狀態上色。
  - 練習使用 Flex 排版，並且置中對齊。
  - 練習安裝並使用 Google Fonts。

4.13 任務卡 09：切換電腦對弈模式

在這個單元中，我們要做一個切換電腦對弈的 Switch 按鈕，並且在切換之後，能夠讓電腦判斷該下哪一步棋。

4.13.1 拿掉輔助線並調整樣式

因為我們主要的功能都完成了，所以其實我們已經可以把之前為了說明而留下來的輔助線拿掉，並且將間距調整成我們理想的樣子。

需要拿掉的輔助線及輔助間距：

```
1 const TicTacToeGame = styled.div`
2   * {
3     border: 1px solid black; // 輔助說明用的邊線，可以移除
4     padding: 4px; // 輔助說明用的間距，可以移除
5   }
6
7   /* 省略部分樣式以便示意 */
8   background: ${(props) => props.theme.background}; // 加上背景顏色
9
10   .container {
11     & > *:not(:first-of-type) {
```

```
12        margin-top: 20px; // 可以調整容器中內元件的間距
13      }
14    }
15    .actions {
16      & > *:not(:first-of-type) {
17        margin-top: 20px; // 可以調整容器中內元件的間距
18      }
19    }
20  `;
```

▲ 程 4-74

調整過後的外觀如下，是不是有模有樣了呢？

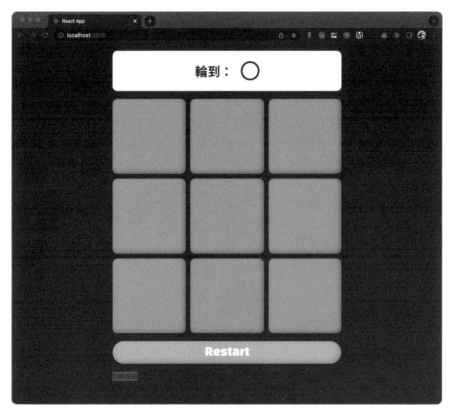

▲ 圖 4-18 拿掉輔助線並調整樣式

4.13.2 Switch 元件刻畫

在切換電腦對弈模式的時候，我們希望用 Switch 元件來切換模式。這個元件其實很常見，如果有現成的函式庫可以使用，例如 antd 或 MUI 等等，其實作者也會建議大家使用。

不過由於本書的目的在於練習，所以我們也藉此來多練習一下。

這邊來做一個功能簡單的 Switch，這個 Switch 只需要做到 ON 和 OFF 的切換就可以了，其他的功能都不用。所以元件的使用介面會像是這樣，有一個控制開啟和關閉的 props，然後有一個 onClick 的 handle function 來控制開啟和關閉，這樣就可以了：

```
1 <Switch
2   isActive={isActive}
3   onClick={onClick}
4 />
```

▲ 程 4-75

我們來觀察一下 Switch 的長相：

▲ 圖 4-19 Switch Button

透過上面的圖片我們知道，Switch 主要的構成，分為三個部分：

- 像是藥丸形狀的身體，就是粉紅色、灰色的背景區塊
- 在藥丸形狀身體內移動的圓形按鈕，通常我們會稱他會 thumb。
- thumb 內部的文字，ON 和 OFF。

根據這三個部分，以下就會是我們的 DOM 結構：

```js
1 // src/components/Switch/index.js
2 const Switch = ({ isActive, onClick }) => {
3   return (
4     <StyledSwitch $isActive={isActive} onClick={onClick}>
5       <div className="switch-button__thumb">
6         <span>{isActive ? "ON" : "OFF"}</span>
7       </div>
8     </StyledSwitch>
9   );
10 };
```

▲ 程 4-76

可以看到，在最外面的一層，`<StyledSwitch />` 就是按鈕藥丸狀的身體，他可以接受 isActive 這個 props 來改變元件的狀態，並且這裡也是可點擊區域，所以在上面我們綁定了 onClick 事件。

在其中，可以看到藥丸身體包含了 thumb，而且 thumb 包含了文字，文字的內容也由 isActive 控制，跟上面的構成描述一致。

接下來就要來勾勒這個 Switch 的 CSS 樣式了：

```js
1  // src/components/Switch/index.js
2  const BUTTON_HEIGHT = 40;
3
4  const activeThumbStyle = css`
5    left: ${BUTTON_HEIGHT}px;
6  `;
7
8  const activeButtonStyle = css`
9    background: ${(props) => props.theme.switchButton.on};
10 `;
11
12 const StyledSwitch = styled.div`
13   position: relative;
14   height: ${BUTTON_HEIGHT}px;
15   width: ${BUTTON_HEIGHT * 2}px;
16   border: 2px solid #FFF;
17   border-radius: 50px;
18   cursor: pointer;
19   background: ${(props) => props.theme.switchButton.off};
20   transition: all 0.2s ease-in-out;
21   box-shadow: inset -4px -4px 12px 0px rgb(0 0 0 / 20%);
22   ${({ $isActive }) => $isActive && activeButtonStyle}
23   .switch-button__thumb {
24     position: absolute;
25     width: ${BUTTON_HEIGHT}px;
26     height: ${BUTTON_HEIGHT}px;
27     border-radius: 50%;
28     background: #FFF;
29     transition: all 0.2s ease-in-out;
30     left: 0px;
31     display: flex;
32     align-items: center;
33     justify-content: center;
34     box-shadow: inset -4px -4px 12px 0px rgb(0 0 0 / 20%);
35     ${({ $isActive }) => $isActive && activeThumbStyle}
36   }
37 `;
```

▲ 程 4-77

我們逐一來說明這些樣式。

首先要來決定這個 Switch 按鈕的大小。最理想的狀態就是以後要改變這個 Switch 的大小，我們只需要改動一個參數就能夠完成了。

各位想想看，假設我們不是這樣設計，而是每個 size 都寫死一個數字，例如 thumb 大小，Switch 藥丸身體大小，這些都用數字寫死，然後因為我們要讓 thumb 根據 isActive 的狀態左右移動，這個部分也會需要根據藥丸身體大小來寫死，那哪天我們要微調 Switch 的大小時，就會需要改寫很多地方，甚至假設你要做到 RWD，根據螢幕大小來調整 Switch 大小，面臨各樣的調整的時候，會讓你的修改成本很高，因為要改的地方多，也容易產生 bug。再想遠一點，若是別人接手你的 code，他遇到上述困難的程度有可能就會是你的兩倍以上。

這裡我想用 thumb 的大小來當作基準，藉此來調整 Switch 大小，也因為我們 Switch 的造型是 thumb 和 Switch 的身體一樣高度，所以我們決定 Switch 大小的基準參數就是如下：

```
1 const BUTTON_HEIGHT = 40;
```

▲ 程 4-78

所以用這個參數我們可以決定下面這些樣式：

- thumb 是一個直徑為 BUTTON_HEIGHT 的正圓形。
- Switch 藥丸狀身體的大小，高度是 thumb 的直徑，也就是 BUTTON_HEIGHT，而寬度是兩倍的 BUTTON_HEIGHT，用兩倍來決定寬度，是因為我希望讓 thumb 左右移動的距離可以更方便被決定。

■ 根據上面的描述，當 isActive = false 時，thumb 的水平位置是 left = 0px。而當 isActive = true 時，thumb 的水平位置就是 left = ${BUTTON_HEIGHT}px。

整個 Switch 核心的設計想法就是上述這樣，其他的就是一些裝飾性的樣式，這個可以由讀者來自行決定。

另外特別補充說明一個部分，有人可能會想到，我們不是可以用 Flex 來水平置左、置右嗎？讓 `<StyledSwitch />` 當作外容器，thumb 當作內元件，這樣難道不是更容易嗎？而且就不用自己計算 thumb 左右移動的距離了，少了一個麻煩。

事實上，這樣也是可以的，是個很棒的想法，但是因為 Flex 他無法支援 CSS transition 的轉場動畫，而我希望 Switch 他是左右滑動，不是「啪、啪」左右跳動，所以這裡的水平定位我就不採用 Flex 來處理。

搞定 Switch 之後，我們給他加上 Label，透過 Label 的輔助，這樣使用者可以更一眼就看出這顆 Switch 按鈕的作用，當然，我們再次練習使用 Flex 讓 Label 及 Switch 可能水平排版和對齊：

```js
// src/TicTacToe.js
<SwitchMode
  label="電腦對弈模式"
  isActive={isSinglePlay}
  onClick={handleSwitchPlayMode}
/>
```

▲ 程 4-79

```
1 // src/components/SwitchMode.js
2 const Row = styled.div`
3   display: inline-flex;
4   align-items: center;
5   justify-content: center;
6 `;
7
8 const Label = styled.span`
9   margin-left: 8px;
10   font-size: 20px;
11   color: ${(props) => props.theme.color};
12 `;
13
14 const SwitchMode = ({ label, isActive, onClick }) => {
15   return (
16     <Row>
17       <Switch
18         isActive={isActive}
19         onClick={onClick}
20       />
21       <Label style={{ color: "black" }}>{label}</Label>
22     </Row>
23   );
24 };
```

▲ 程 4-80

以下就是我們完成的樣式 (為了方便展示，先改為白底黑字)：

▲ 圖 4-20

4.13.3 電腦對弈函式設計

接下來是這個任務卡的重頭戲，我們要讓電腦根據某個戰略規則 (或者演算法) 來下棋。

我們需要做出一個函式，讓他可以為我們選出最適合的棋路，類似像這樣：

```
1 const blockId = selectBlockId(...);
```

▲ 程 4-81

完成這個 selectBlockId() 的函式就是我們這個任務的目標。

當然，如果只是想要簡單做的話，我們可以讓 selectBlockId() 的實現方式，是在 0~8 這 9 個棋格當中，隨機任選一個可下棋的位置，然後 return 回來。但是這樣跟電腦完了之後，會覺得電腦真的太笨了，沒有遊戲的趣味性。所以我們今天的挑戰就是要讓這個電腦聰明一點，如果我們不認真動腦，真的很可能被電腦打敗，希望能夠做到這樣的效果。

這裡提供一個作法給大家參考。我的思路是，想要把我們實際上在跟真人對弈的策略轉換成電腦的程式碼。那我們在下棋的時候，會根據不同的狀況採取不同的策略，以下是我們考慮到的幾種情況：

- 假設我們發現棋盤上有兩顆我方棋子已經連成一線，差一顆就勝利了，那我們當然毫不猶豫，就是下在會勝利的那一格上。
- 假設我方棋子還無法連成三顆一線，但是對方差一步就能夠三顆一線了，那我們這時當然要擋下對手，下在他即將要三顆一線的那個位置上。
- 假設兩方都還沒有三顆一線，我們也不用想太多，就是隨便找個位置下就對了，但是如果正中間那個位置沒有人下，通常我們會下那個位置，要連成三顆一線會有更多機會，否則，就隨便找個位置下也沒關係。

以上就是我們分析出的三種情況，並且採取的對應策略，上述的三種情況基本上已經能夠包含大部分的狀況了。

不過其實還有一個小細節可以考慮，就是遇到兩種狀況同時出現時，該以哪個策略為優先？

例如目前輪到我方，我們觀察棋盤上我方和敵方都已經差一顆就三顆一線了，那此時我們應該要先攻還是先守呢？以很想要贏的思維來說，採取先攻是聰明的，因為你馬上就取得勝利。那如果你採取先守，你會需要下一回合才能夠有機會贏，或者讓對方搶先一步的機會會比較大。

這裡其實可以延伸出另一個發想，如果這個遊戲想再做複雜一點，除了可以選擇是否要和電腦對弈之外，也能夠選擇要簡單模式還是困難模式。若選擇困難模式，就讓電腦採取攻擊優先的策略，反之，若是簡單模式，就讓電腦採取防守優先的策略。讀者若有興趣，也可以朝這個方向練習看看。

那本範例就以攻擊優先的策略來當作電腦的智能。

所以對於 selectBlockId() 這個函式來說，有一個很重要的輸入參數，就是我們要知道我方和電腦方目前是否已經有其中一方出現兩顆一線的狀況了呢？因為這個資訊就是我們上述策略最重要的判斷準則。

為了取得這個資訊，我們需要稍微調整一下先前任務中，任務判斷的getJudgment() 函式程式碼，讓這個程式碼當中，可以多幫我們吐回「是否有一方已經出現兩顆一線」的資訊，並需要知道「達成三顆一線的最後一顆棋子」應該要放在哪裡。

修改的方式，就是在 getJudgment() 的一開始，多宣告一個參數：

```
1 let lastStepsToWin = {...defaultUsersSteps};
```

▲ 程 4-82

透過這個參數，我們就能夠來紀錄「差 1 步就能獲勝」的情形，所以關鍵
步驟，在 foundWinner 的這個迴圈當中，檢查是不是有這個情形，如果有
的話，就紀錄下來：

```
 1 const foundWinner = remainingStepsList.filter((steps, index) => {
 2   if (steps.length === 1) { // 差「1」步就能獲勝
 3     lastStepsToWin[playerId] = [
 4       ...lastStepsToWin[playerId],
 5       ...steps,
 6     ];
 7   }
 8   if (steps.length === 0) { // 如果差「0」步就能獲勝，就表示有人達成勝利條件了；
 9     winnerStepsList = [
10       ...winnerStepsList,
11       WINNER_STEPS_LIST[index]
12     ]; // 有人達成勝利時，把勝利線(winnerStepsList)記錄下來
13     return true; // 有找到勝利者
14   }
15   return false; // 沒找到勝利者
16 }).length > 0;
```

▲ 程 4-83

最後記得把 lastStepsToWin 回傳：

```
1 const getJudgment = (playersStepsMap) => {
2   const users = Object.keys(playersStepsMap);
3   let stepsMap = {...defaultUsersSteps};
4   let winnerId = 0;
5   let winnerStepsList = [];
6   let lastStepsToWin = {...defaultUsersSteps};
7   users.forEach((userId) => { /* 同先前勝負判斷程式碼 */ });
8
9   return {
10     winnerId,
11     winnerStepsList,
12     lastStepsToWin // 回傳「差 1 步就能獲勝」的資訊
13   };
14 };
```

▲ 程 4-84

還有一個需要用來幫助 selectBlockId() 的參數，就是要檢查我們想要下的
這一個位置是不是 Enable，因為有可能這個格子可以幫助我方三顆連成
一線，但是因為敵方已經在上面有放置棋子了，所以我們不能把他覆蓋過
去，這個函式在我們之前「棋盤刻畫和點擊事件」當中有實踐過，因為這
裡重複使用到一樣的功能，我們可以把他抽出來獨立成一個單一功能的函
式，那我們過去實踐過的地方也都能夠統一使用這個函式，達到同一功能
只寫一次的效果：

```
1 // src/TicTacToe.js
2 const getIsBlockEnable = (blockId) => {
3   const allDisabledBlockIds = PLAYERS.flatMap((playerId) => playersStepsMap[playerId]);
4   const isBlockEnable = allDisabledBlockIds.indexOf(blockId) === -1;
5   return isBlockEnable;
6 };
```

▲ 程 4-85

綜合上述的考量，以下就是我們根據策略的分析轉換的程式碼：

```
1 // src/TicTacToe.js
2 const selectBlockId = ({ lastStepsToWin, getIsBlockEnable }) => {
3   const attackList = lastStepsToWin[-1];
4   const protectList = lastStepsToWin[1];
5   const stepsToAttack = attackList.filter((blockId) => getIsBlockEnable(blockId));
6   const stepsToProtect = protectList.filter((blockId) => getIsBlockEnable(blockId));
7   if (stepsToAttack.length > 0) { // 是否有可以進攻的位置
8     return stepsToAttack[0];
9   }
10   if (stepsToProtect.length > 0) { // 是否有可以防守的位置
11     return stepsToProtect[0];
12   }
13   let blockId = 4; // 沒有進攻也沒有防守，預設先下中間那一格
14   while (!getIsBlockEnable(blockId)) {
15     blockId = getRandomInt(9); // 隨機取一格空的格子下棋
16   }
17   return blockId;
18 };
```

▲ 程 4-86

搞定完 selectBlockId() 函式，最後一個要解決的問題就是，我們要在何時觸發他呢？

以我們實體下棋經驗來考量，就是輪到電腦下棋的時候要觸發。

還記得嗎？我們在觸發下棋事件的時候，有改變 currentPlayerId 這個 state：

```
1 const handleClickSquare = (squareId) => {
2   /* 省略其他程式碼 */
3   setCurrentPlayerId((prev) => -1 * prev);
4 };
```

▲ 程 4-87

特別特別要小心的是，如果我們在 setCurrentPlayerId() 這一行 setState 的指令之後立即呼叫 selectBlockId()，可能會達不到我們想要的效果。

原因是，React 可以將多個 setState() 呼叫，批次處理為單一的更新，以提高效能，所以有時候在更新 state 的時候會讓你有非同步更新的感覺。考慮到 React 的生命週期以及 state 更新的機制，我們不太建議在這一行之後馬上執行 selectBlockId()。

那該怎麼辦呢？這裡我會使用的方法是 useEffect 這個 Hook，如果你熟悉 React class 的生命週期方法，你可以把 useEffect 視為 componentDidMount，componentDidUpdate 和 componentWillUnmount 的組合。

useEffect 有什麼作用呢？透過使用這個 Hook，你可以告訴 React 你的 component 需要在 render 之後做一些事情。更棒的是，useEffect 他也允許我們撰寫一個額外的比對條件，比對 render 的前後，某個 state 是否有改變，藉此來決定要不要執行或忽略 useEffect 內部的執行。

透過我們對 useEffect 的理解，我們就可以對 currentPlayerId 做比對，如果我方執行完 handleClickSquare() 這個下棋事件，並更新了相關 state，我們知道在 state 改變之後會觸發 render 的機制，若在 render 之後，currentPlayerId 這個 state 有改變 (換句話說就是換人下棋)，並且當下是電腦下棋模式的話，我們就會呼叫 selectBlockId() 來讓電腦自動下棋。

下面就是我們的程式碼：

```javascript
1 // src/TicTacToe.js
2 useEffect(() => {
3   if (isSinglePlay && currentPlayerId === -1 && !isGameEndedInTie) {
4     setIsLoading(true); // 電腦開始思考的時間
5     const blockId = selectBlockId({
6       lastStepsToWin,
7       getIsBlockEnable
8     }); // 選出要下棋的位置
9     setTimeout(() => {
10       setIsLoading(false); // 電腦結束思考的時間
11       handleClickSquare(blockId); // 執行下棋
12     }, 1000);
13   }
14 }, [currentPlayerId, isSinglePlay]); // 僅在玩家回合轉換，且電腦對弈模式時才重新執行 effect
```

▲ 程 4-88

在我們的設定當中，電腦永遠是操控叉叉的角色，當目前是 single play 模式，也就是電腦對弈，並且目前是輪到叉叉，而且遊戲還沒結束，那我們就會為叉叉這個玩家自動選出他要下棋下在哪裡。

在 useEffect 裡面可以看到我使用了 setTimeout() 這個函式來延遲 handleClickSquare() 的觸發，理由是因為，我希望在與電腦對弈的過程當中，我們可以感受到好像真的在跟某人下棋的感覺，所以通常在跟真人下棋的時候，不會你下了一個地方，對方玩家就瞬間馬上下了棋，然後瞬間又換自己，這樣感受起來很不自然，很沒有跟對手下棋的真實感。所以就算電腦真的反應速度很快，是一個瞬間，但我還是希望對方能夠停個一秒鐘再把棋子放到棋盤上，這樣感受起來會比較舒服，所以才使用 setTimeout() 來幫我延遲一秒鐘。

但是，雖然這樣想起來很美好，不過也因為這個延遲一秒鐘，會產生其他的副作用，例如在這個一秒鐘，不守規局或不小心的玩家就會誤觸 handleClickSquare()，導致同一個玩家在電腦延遲的期間多下一顆棋。所以我們就要定義，在這個延遲的一秒鐘，其實就是電腦 loading 的時間，所以這裡我們使用了 loading 這個 state 幫我們控制這件事。輪到電腦下棋的時候，就是 loading 開始，等一秒後電腦下完棋，loading 期間就會結束。因為得到了 loading 的這個參數，我們就可以在 handleClickSquare() 當中設定條件，當 loading 期間，不能做任何下棋的動作。

```javascript
1 // src/TicTacToe.js
2 const [isLoading, setIsLoading] = useState(false);
3
4 const handleClickSquare = (squareId) => {
5   if (isLoading) {
6     return;
7   }
8   /* 省略其他程式碼 */
9 };
```

▲ 程 4-89

以下來展示我們最終的成果：

▲ 圖 4-21 圈圈叉叉遊戲成果展示

4.14 圈圈叉叉篇總結

4.14.1 回顧

在這個任務當中，我們完成了非常精彩的練習

- Switch Button
  - 我們練習怎麼去分析這個元件，包含功能面、樣式方面，雖然我們鼓勵讀者使用現成的套件，但對初學者來說，能夠自己刻完一個元件也是一個非常難得的經驗。

- 電腦對弈函式設計
  - 在設計這個函式的時候，我們做了完整的情境分析，我們考慮了所有的狀況，以及要對應的策略，讓電腦能夠按照這個策略來選擇棋路。實務上，在分析一個問題及解決方案的時候，是會蠻常使用類似的思路來解決問題，一個大的複雜的問題，我們先釐清狀況、拆解成小問題、並且逐一擊破。

- 電腦下棋的時機
  - 在這裡我們練習了 useEffect 這個 Hook，要能夠靈活使用這個 Hook，首先要對 React 的生命週期有一定程度的掌握，所以如果讀者發現在這裡有些卡關，不理解的地方，就能夠知道，我們需要對生命週期的觀念再多加複習和練習，這樣我們才能夠讓電腦在正確的時機做出正確的行為，在更大型更複雜的專案當中，這樣的觀念和技巧是不可或缺的。

在開發流程方面，我們完整的分析了這個專案的需求，從理解規格書、瞭解設計圖，然後逐一的拆解任務，這些過程對於剛開始入門的開發者是一個很寶貴的經驗。

在我們還沒有經驗的時候，拿到一個專案的開發需求，通常會因為要做的事情太多而亂了陣腳，所以當別人問你開發時程的時候常常會答不上來，不知道怎麼估時間，不知道這個專案 loading 重不重，不知道有沒有辦法分工，不知道怎麼安排開發進度，不知道有沒有哪些功能取捨是可以被討論的。但是我們完成這個單元的讀者，對於這所有的流程，從無到有，就能夠有走過一次的經驗，希望這樣的經驗對於讀者未來的開發之路能夠有所幫助。

再來是實作面，我們練習了常見的切版技巧，現代所流行的 Flex、Grid 的排版我們在這個練習當中都有接觸到，並且我們也大量的使用 React Hook，常見的 useState、useEffect，包含他的使用方法、使用時機、使用情境。

透過這個練習，我們再次檢視了入門者對於需要掌握的技巧以及觀念是否能夠熟練，若有不熟練的地方，千萬不要擔心，只要多練習幾次、再去找相關的資料來複習，就會開始慢慢有感覺。所以，如果在入門當中有受挫的開發者，千萬不要灰心喔！只要不放棄，就能夠做到！

4.14.2　天馬行空

如果我希望圈圈叉叉遊戲能夠成為在面試時或履歷上端得上台面的作品，我可能還可以增加哪些功能？相信讀者多少會這樣想。

反過來想，如果我是面試官，我可能希望你透過作品展現什麼樣的能力？或者什麼樣的功能會讓人眼睛為之一亮呢？

❑　畫面的美化

如果可以的話，讓畫面變得美美的吧！你可以有自己個人特色的配色、排版，甚至圖案，或是像我一樣在獲勝的時候讓棋子有跳起來歡呼的吸睛動畫，讓你的畫面看起來可以跟外面要花錢買的遊戲媲美，你就成功了！

作者來敲門

許多工程師會覺得自己的價值是在前端的架構優化以及效能調校，所以對於畫面的美化不屑一顧。覺得那是美編和網頁設計師在做的事情。但事實上，我認為這樣想的話會比較可惜。

作者也有擔任面試官以及幫公司團隊篩選履歷的經驗。我認為，如果你端出一盤菜，並將之稱之為「作品」，那這個東西就會是你個人的展現，不是只有展現你的技術，也同時展現你做事情的態度。如果你做出來的作品，給人的第一印象是畫面沒有對齊，間距大小不一，畫面看起來不平衡，配色很奇怪，整體看起來歪七扭八，給人的印象相信會不太好。

可以的話，建議最好將作品當成公司的產品來做，至少要有這樣的態度。在做美食也是一樣的，我們在意的不是只有那一道菜的味道口感本身，或是廚師用了什麼厲害的技術，正所謂「色、香、味」俱全，一道美食的擺盤也是很重要的，如果這道菜看起來很隨便，很像餿水、菜尾，就算他是絕世美食，也不會有客人想要點來嚐嚐看，你說是不是呢？更高竿的，甚至連整個用餐體驗、衛生、服務都會為客人著想，讓客人還沒吃到菜就覺得很驚艷。

❑ 主題切換

在這個單元我們有介紹主題切換的功能該如何實現。如果我們的畫面上多一個下拉選單，裡面可以選擇各種的主題，那相信會讓面試官感到非常的驚艷。例如：

- 夜店主題：
  - 你可以讓你的九宮格、圈圈叉叉元件變得像是夜店酒吧裡面的那種霓虹燈，甚至你要做一點閃爍效果也可以。

- 天氣主題：
  - 隨著天氣的變化，你可以讓畫面出太陽、下雪、下雨等等。你就可以跟面試官說，你串了即時天氣的 API 來知道目前此地的天氣，藉此來變換畫面的主題。

- 過節主題：
  - 台灣有很多節日，記不記得 Google 搜尋首頁的 Logo 會隨著節慶節日來變化呢？我們圈圈叉叉的遊戲也可以採用這樣的靈感。例如過年的時候，棋盤會變成春聯一樣，棋子就變成書法字，是不是就有一種過年春聯的氣息呢？或是端午節的時候，棋子可能就是南部粽和北部粽的對決。背景還可以有一些動畫，例如一艘龍舟划過去之類的。

❏ API 的串接

如果一個面試作品沒有 API 的串接功能，那就有點無法展現你的能力足夠勝任。所以如果作品上面有一些東西有串 API，那就會很加分。

例如上面提到的，串了即時天氣 API 來改變主題。或者，讓遊戲的使用者有登入功能，只要你有登入，那你過去的戰績就會被記錄下來，看看你有沒有破紀錄之類的，甚至還有計分排行榜，可以跟其他登入的使用者比分數，這樣就真的是有模有樣的作品了。

❏ 圖片上傳

圖片上傳也是一個很棒的延伸功能，畢竟現在各大網站上面，上傳圖片是很常見的功能。你可以讓玩家在登入之後，能夠上傳自己的大頭貼，那剛剛提到的計分排行榜就能夠顯示出你自己的頭像。甚至，我們也可以讓棋子不限於圈圈叉叉，可以讓玩家自己上傳自己喜歡的棋子，這樣的客製化也是非常的酷炫和有特色的，同時也展現了你有串接 API 的經驗，也有上傳圖片的經驗。

❏ 伸縮自如的棋盤

在本書的前身「以經典小遊戲為主題之 ReactJS 應用練習」這個 iThome
30 天系列當中有實作過這個功能。棋盤大小能夠根據玩家的定義改變，不
限於一般圈圈叉叉的 3x3 棋盤。但難度會在於勝負判斷以及電腦自動下棋
的部分。

4.15 圈圈叉叉篇完整程式碼

https://github.com/TimingJL/Tic-
Tac-Toe

▲ 圖 4-22 圈圈叉叉遊戲原始碼

https://timingjl.github.io/Tic-
Tac-Toe/

▲ 圖 4-23 圈圈叉叉遊戲 Demo

貪吃蛇篇

5.1 專案介紹

5.1.1 遊戲簡介

瞭解遊戲的歷史，能夠加深玩家及開發者對於遊戲的情感。

貪吃蛇最早的原型聽說是在 1976 年，世界上第一台微型計算機，也就是我們現在的個人電腦的祖先 - Altair 8800，是 1975 年發布的。現在我們說回貪吃蛇的祖先，那是 1976 年發布的一款名為 Blockade 的街機遊戲。

Blockade 是一款雙人的街機遊戲，類似以前在路邊或遊樂場會看到的那種大型遊戲機台，開發商是 Gremlin。玩法是兩位玩家各操作一個像素小人，玩家可以控制他的上下左右，在一個平面地圖上移動。凡走過必留下痕跡，小人在移動的時候會邊走邊築牆，誰先撞到牆壁或是撞到對方的時候就算輸家。雖然它的遊戲方式非常簡單，但它還是引起了許多人的關注，並且成為當時的熱門遊戲。

貪吃蛇的遊戲方式應該也是受到 Blockade 的影響，繼承了 Blockade 的經典特色，還增加了更多新的元素和功能。例如，貪吃蛇遊戲在遊戲界面中加入了吃食物的元素，並且讓蛇的身體在吃食物後會增長。

隨著科技的發展，貪吃蛇遊戲也進一步演進。在 21 世紀初，隨著移動裝置的普及，貪吃蛇遊戲也開始出現在手機和平板電腦上。例如芬蘭公司 Nokia 在 1997 年，由一位名叫 Taneli Armanto 的工程師，編寫了一款貪吃蛇程序，直接命名為 Snake，並且在當時發布於 Nokia 的手機上。

Nokia 貪吃蛇遊戲獲得了巨大的成功，它成為了當時最受歡迎的手機遊戲之一。簡單易懂的遊戲方式讓它能夠普及到幾乎所有年齡層的人群，並且成為了許多人青少年時期的回憶。Nokia 貪吃蛇遊戲還成為了公司宣傳的重要手段，它在當時的廣告中經常被用來展示 Nokia 手機的功能和性能。

除了遊戲裝置的演進之外，貪吃蛇遊戲還演進了更多的遊戲模式和遊戲設定，讓玩家能在更多不同的情況下進行游戲。例如，有些版本會讓玩家在遊戲界面中穿過障礙物，而有些版本還會加入敵人蛇的元素，讓玩家需要小心躲避。有些版本會有時間限制，或是食物限制。還有一些版本還會提供多人遊戲模式，讓玩家可以和其他玩家一起玩貪吃蛇遊戲。這種多人遊戲模式可以讓玩家在網路上與其他玩家進行對戰，並且在比賽中爭奪高分榜的冠軍。

貪吃蛇的玩法和變化很多樣，本篇章會實現的版本是最經典的版本，希望讀者不要小看這個經典版本，因為在過程當中也有許多值得我們學習的觀念和技巧，是個值得令人期待的篇章喔！

5.1.2 學習重點

- CSS Grid 的應用
  - 貪吃蛇的地圖是一個 NxN 的網格結構，這個很適合用善於平面排版的 Grid 來處理。

- 貪吃蛇的結構
  - 貪吃蛇的身體結構設計是本篇章的一個重點，我們知道貪吃蛇會在地圖上移動，並且吃到東西身體會變長。但是這件事情該怎麼用資料來儲存和表現呢？要怎麼設計才能夠確保一整條貪吃蛇的身體可以連在一起並像蛇一樣，每一節身體可以跟著前一節的身體位置來移動？在本篇章會揭露這個天大的秘密。

- 貪吃蛇的移動
  - 在「技能大補帖」的篇章當中我們有教讀者幾個時間控制的函式，在這個篇章當中就會大顯神威。這個時間函式要如何能夠結合 React 元件的狀態改變，讓貪吃蛇可以一步一步往前走？並且也可以讓他身體變越長就越走越快喔！

5.2 規格書

本篇章要實現的版本是最廣為人知的經典貪吃蛇，但對於「經典」兩個字，相信大家還是會有不一樣的想像。沒關係，這個小節當中會清楚的定義接下來要實作的規範以及遊戲規則，希望透過這個小節能夠與讀者取得共識，記得！取得共識再去實作，絕對是最有效率的策略！

5.2.1 關於畫面與功能

- 地圖
  - 在畫面上我們用 30x30 的網格來當作貪吃蛇移動的地圖。
  - 本篇的貪吃蛇是可以穿牆的，也就是從右邊出去，就會從左邊進來，依此類推。

- 貪吃蛇
  - 貪吃蛇會不斷前進，初始長度為三個格子，玩家能透過鍵盤或虛擬方向鍵操控頭部的方向進行上、下、左、右的移動。
  - 貪吃蛇的頭部吃到食物，身體會增加 1 單位，移動速度也會加快，藉此增加遊戲的難度。
  - 貪吃蛇的頭部若吃到自己的身體，則貪吃蛇死亡，遊戲結束。

- 食物
  - 食物會隨機出現在地圖上的任意位置。
  - 食物若被貪吃蛇吃掉了，則會產生一個新的食物在地圖上隨機位置。

- 開始、重新開始按鈕
  - 在新的一場遊戲開始前,名稱叫做開始遊戲。
  - 當貪吃蛇因為吃到自己的身體死掉之後,則此按鈕的文字變成重新開始按鈕。
  - 按下按鈕後,會初始化遊戲到一開始的狀態,以讓玩家開始新的一場遊戲。

- 暫停按鈕
  - 在遊戲的進行當中,可以暫停遊戲,此時貪吃蛇的位置將會被定格。
  - 當遊戲暫停時,再按一次按鈕,可以繼續遊戲。

- 虛擬方向鍵
  - 為了讓手機版的網頁方便遊戲,我們設置了虛擬方向鍵讓行動裝置能夠操作。

- 資訊看板
  - 資訊看板當中會顯示當下得到的分數,貪吃蛇每吃到一個食物就能往上累計一分。

5.3 設計圖說明

5.3.1 桌面版展示

下圖是我們這次要做的貪吃蛇遊戲展示圖。從上而下分別是「資訊看板」、
「地圖」、「虛擬方向鍵」以及「暫停按鈕」。

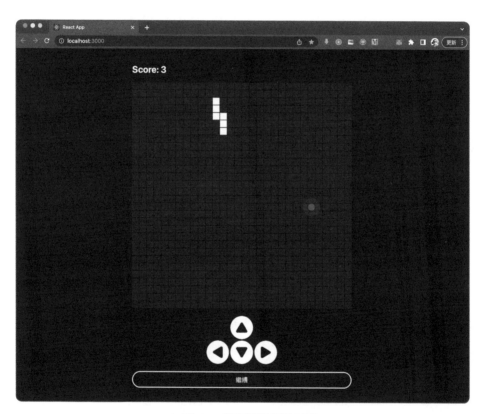

▲ 圖 5-1 貪吃蛇遊戲展示圖

在遊戲當中會有幾個特別的狀態，例如開始遊戲之前的狀態，此時所有操作按鈕是不能操作的，直到按下「Start」按鈕：

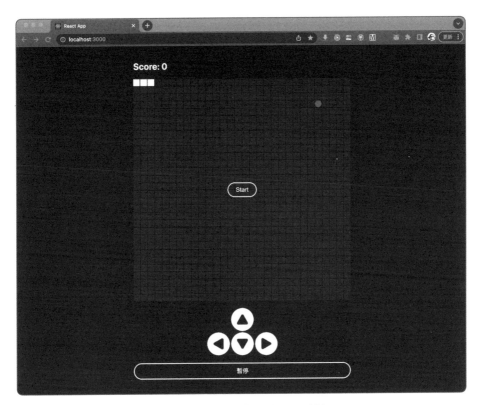

▲ 圖 5-2　開始遊戲前的 Start 按鈕

當遊戲結束時，會有「Game Over」的訊息，並且能夠重新開始遊戲：

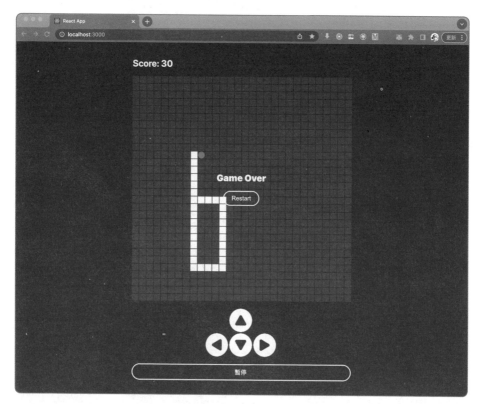

▲ 圖 5-3 遊戲結束時的 Game Over 訊息及 Restart 按鈕

5.3.2 手機版展示

畫面佈局上，為了減少在不同螢幕寬度下元件相對位置改變的程度，我們將整體的視覺集中在中間。因此如下圖，就算變成手機螢幕上的窄螢幕，畫面上元件相對位置的配置還是一樣的。下圖是以 iPhone 12 Pro 裝置為例，長寬比例為 390 x 844：

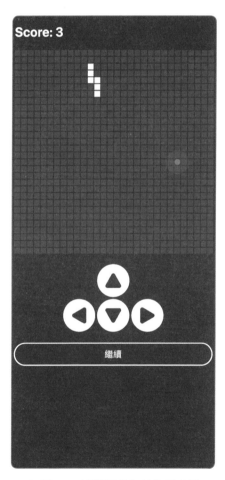

▲ 圖 5-4 手機版貪吃蛇的展示圖

5.4 任務拆解

在看完規格書以及設計圖說明之後，我們勢必會對這個專案有一定程度的瞭解及掌握，面對一個有一定程度複雜度的專案時，通常拆解他可以幫助我們更容易解決問題，也更容易釐清問題及細節。

拆解的方式如果沒有頭緒的話，可以從幾個層面開始著手，例如開發的順序 (像是蓋房子總不能從頂樓開始蓋，一定要從地基開始)，或者從畫面上到下、左到右開始拆解。最後，我們再來看看有沒有什麼狀態、操作或細節有漏掉的。如果完全沒頭緒的話，可以試著這樣來思考看看。

5.4.1 任務拆解描述

以下是我提供的拆解任務：

❏ 任務卡 01：準備開發環境

像是蓋房子的時候不能從頂樓開始蓋，一定要從地基開始建造一樣，首先我們要先創建一個專案，接著，將 eslint 以及會用到的相關套件安裝好。

❏ 任務卡 02：畫面佈局切版

畫面當中我們可以看到幾個區塊，由上而下包含「資訊看板」、「地圖」、「虛擬方向鍵」以及「暫停按鈕」。我們在這個任務當中，會先把各個區塊元件劃分好並元件化，方便接下來的開發。

❏ 任務卡 03：設計資料結構

我們知道畫面中的呈現、狀態都是資料視覺畫的結果，不論是貪吃蛇的運動、行走方向、遊戲進行中或暫停中等等，我們都可以先思考要如何透過資料結構來儲存和改變這些狀態，只要資料搞定了，接下來的畫面就只要按照資料來呈現就可以了，所以資料的儲存及改變是我們整個專案的核心。

❏ 任務卡 04：地圖

要讓貪吃蛇移動之前，首先我們要他有個可以在上面爬行的地圖。在這個任務當中，我們需要將這地圖上一格一格的格子切割好，並且讓不會隨著螢幕寬度的縮放而破版。

❏ 任務卡 05：讓貪吃蛇的頭可以在地圖上移動

我們在操作貪吃蛇的移動的時候，其實我們是透過他的頭來改變方向的，身體只是跟著頭走過的軌跡來移動而已。所以讓貪吃蛇整體在地圖上移動之前，我們要先讓貪吃蛇的頭能夠在地圖上移動並且藉由方向鍵來改變移動方向。

❏ 任務卡 06：加入貪吃蛇的身體

如果我們說一條蛇只有一顆頭可以動來動去，那真是很難承認他真的是一條蛇。所以在這個任務卡中，我們要讓貪吃蛇除了可以移動的頭之外，還要加上他的身體，讓他的身體可以沿著頭走過的軌跡來移動。

❏ 任務卡 07：產生貪吃蛇的食物

這個任務卡中我們要隨機在地圖的任何一個位置上產生貪吃蛇吃的食物，當然，我們勢必要讓這個食物看起來很可口，因此我會加上一點小動畫來達到這個目的。

❏ 任務卡 08：貪吃蛇吃到食物會變長

如果吃了東西卻沒有長大，真的是很令人傷心的事。因此在這個任務中，我們要讓貪吃蛇能夠吃到食物，然後吃到食物之後，身體也要變長才行，還有一件重要的事，那就是食物被吃了之後，需要再繼續產生食物。

❑ 任務卡 09：貪吃蛇吃到自己會死

在本篇貪吃蛇的遊戲當中，唯一的終止條件就是貪吃蛇的頭去碰到自己的身體，也就是一個自食惡果的狀況，我們要讓程式能夠順利的判斷這個終止條件。

❑ 任務卡 10：重新開始按鈕

在貪吃蛇吃到自己之後，遊戲停止，但是此時如果沒有任何資訊，也沒有任何引導，玩家勢必會一時不知所措，因此，我們要設計遊戲終止之後，能夠重新開始遊戲的按鈕，讓玩家能夠順利的進行下一回合。

❑ 任務卡 11：虛擬方向鍵及操作

在電腦上玩貪吃蛇，我們可以透過鍵盤的上、下、左、右鍵來操作，但是在手機這樣的行動裝置上，沒有鍵盤可以方便我們按上、下、左、右，因此我們需要在畫面上提供一個虛擬方向鍵讓手機上也能夠方便進行遊戲。

❑ 任務卡 12：暫停遊戲

這裡要設計一個暫停遊戲的按鈕，當按下這個按鈕時，貪吃蛇將會暫停移動，再按一次這個按鈕，貪吃蛇就會解除暫停，再次開始移動。

5.4.2 任務拆解總結

- 任務卡 01：準備開發環境
- 任務卡 02：畫面佈局切版

- 任務卡 03：設計資料結構
- 任務卡 04：地圖
- 任務卡 05：讓貪吃蛇的頭可以在地圖上移動
- 任務卡 06：加入貪吃蛇的身體
- 任務卡 07：產生貪吃蛇的食物
- 任務卡 08：貪吃蛇吃到食物會變長
- 任務卡 09：貪吃蛇吃到自己會死
- 任務卡 10：重新開始按鈕
- 任務卡 11：虛擬方向鍵及操作
- 任務卡 12：暫停遊戲

任務卡 01 ~ 03 是我們準備這個專案的基礎建設，因為這些功能也同時環環相扣。假設我們考慮是一個團隊要合作來完成這個專案，雖然我們把他分成三個任務卡，但不太建議分別由不同人來認領這些任務卡，因為這樣會造成認領後面任務卡的人必須要等待認領前面任務卡的人完成才能夠接手動工，效率上的考量來說，並不是很建議這樣做。但我們仍把他分成三個任務卡，是因為要做的任務內容其實還蠻不同的，因此方便階段性的完成任務。

任務卡 04 ~ 09 是實作我們本篇貪吃蛇遊戲的本體，包含地圖以及貪吃蛇遊戲的邏輯，雖然我們也是拆解了幾個任務卡，但這個拆解也是為了讓功能彼此之間能夠清楚的釐清和劃分，方便階段性的完成及驗收。因為這幾個任務也是相依性比較高的任務，因此也不太適合多人合作同時進行開發。

任務卡 10、11、12 三個分別的小功能，這邊就比較適合同時開發了，因為這幾個功能比較不容易互相重疊，因此如果要練習多人開發，這幾個任務或許是個不錯的練習場。

5.5 任務卡 01：準備開發環境

在這個任務當中，我們必須要完成下面這三件事情：

- 使用 create-react-app 創建一個專案
- 安裝 ESLint
- 安裝 styled-components

在本書「1.2 準備開發環境」這個章節中，已經詳細的說明如何安裝相關的環境，我們只要照著這個篇章的步驟逐一準備這個專案的環境就可以了。

5.5.1 使用 create-react-app 創建一個專案

本篇的遊戲是「貪吃蛇」，英文是「Snake」，因此我們用 create-react-app 來創建一個專案：

```
$ npx create-react-app snake
```

等程式執行完畢之後，就能看到 snake 資料夾在剛剛下指令的目錄下。進到這個資料夾裡面就能夠透過 npm 指令將專案啟動了：

```
$ cd snake
$ npm start
```

5.5.2 安裝 ESLint

在「1.2.2 ESLint」章節當中，已經詳細介紹了 ESLint 以及其安裝方式。因此，按照先前介紹的部分，我們來把 ESLint 安裝並設定完成。

在專案的目錄下，我們執行初始化設定的指令：

```
$ eslint --init
```

按照指令的指示一步一步完成設定及安裝。

如果有自己慣用的規則，也請自行加入 rule 裡面，例如：

```
"rules": {
    "semi": ["error", "always"],
    "indent": ["error", 2],
}
```

5.5.3 安裝 styled-components

在「1.2.3 styled-components」章節當中，已經對 styled-components 做過介紹。只要按照先前說明的方式將 styled-components 安裝起來即可。

在專案目錄下，透過下面的指令，可以輕鬆立即安裝 styled-components：

```
$ npm install --save styled-components
```

本書專案建議安裝版本為 v5 以上，在專案的 package.json 當中可以看到所安裝的版本。

5.6 任務卡 02：畫面佈局切版

5.6.1 畫面佈局草稿

下圖的線稿是根據設計圖的畫面切割出來的區塊，分別有

- 背景
- 置中容器，置中容器包含了
  - 資訊看板
  - 地圖
  - 操作按鈕區
    - 虛擬方向鍵
    - 暫停按鈕

在這個任務卡中，我們要把每個區塊劃分好，以便於後續開發能夠分別獨立進行。

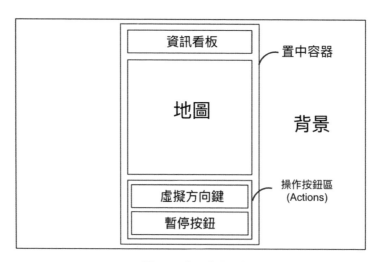

▲ 圖 5-5 畫面佈局切版

5.6.2 畫面佈局樹狀圖

如果我們以樹狀圖來表示上述的結構的話，就是如下這樣：

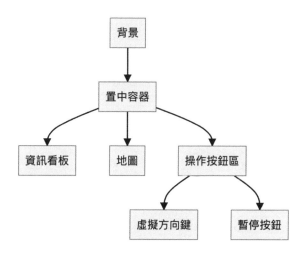

▲ 圖 5-6　貪吃蛇遊戲的 DOM Tree

按照上面 DOM tree 的結構，我們將整個程式的骨架勾勒出來：

```
1 // src/SnakeGame.js
2 const SnakeGame = () => (
3   <div className="background">
4     <div className="container">
5       <div className="information">資訊看板</div>
6       <div className="main-map">地圖</div>
7       <div className="actions">
8         <div className="virtual-keyboard">虛擬方向鍵</div>
9         <div className="pause-button">暫停按鈕</div>
10      </div>
11    </div>
12  </div>
13 );
14
15 export default SnakeGame;
```

▲ 程 5-1

這樣整個程式版面架構的雛形就已經出來了。

下一步，我們可以先將每個區塊切出來成為個別檔案管理的元件，這樣的好處是讓元件之間彼此切分得更乾淨，讓一個檔案能夠單純的管理一個功能，避免兩個不同功能同時在實作的時候，會改到同一個檔案。

```js
1 // src/SnakeGame.js
2 import React from "react";
3 import styled, { css } from "styled-components";
4 import Information from "./components/Information";
5 import MainMap from "./components/MainMap";
6 import Actions from "./components/Actions";
7
8 const styleForDemo = css`
9   * {
10     border: 1px solid black;
11     padding: 4px;
12     margin: 4px;
13   }
14 `;
15
16 const Background = styled.div`
17   display: flex;
18   justify-content: center;
19   ${styleForDemo}
20 `;
21
22 const Container = styled.div`
23   margin-top: 40px;
24 `;
25
26 const SnakeGame = () => (
27   <Background>
28     <Container>
29       <Information />
30       <MainMap />
31       <Actions />
32     </Container>
33   </Background>
34 );
35
36 export default SnakeGame;
```

▲ 程 5-2

在上述的程式碼當中，我們練習了 Flex 的置中對齊，讓 Container 可以置於 Background 的中間。並且加上了 styleForDemo，我們的元件加上了邊框以及間距，幫助我們在說明的時候更容易讓讀者觀察，這些展示用的樣式會在元件逐漸完成之後把他拿掉。

以下是我們展示的成果，其中 `<Actions />` 元件裡面，包含了「虛擬方向鍵」以及「暫停按鈕」。透過下圖，我們可以同時看到展示的畫面，也能夠在右側檢視原始碼當中看見整個程式碼的架構：

▲ 圖 5-7　佈局結構

目前的檔案結構如下示意：

```
src
|____ components
      |____ Information.js
      |____ MainMap.js
      |____ Actions.js
|____ SnakeGame.js
|____ index.js
|____ index.css
|____ App.js
|____ reportWebVitals.js
|____ setupTests.js
```

▌5.7 任務卡 03：設計資料結構

這個任務當中我們要來規劃貪吃蛇遊戲所需要儲存的資料，以及該怎麼儲存這些資料。在 React 的框架上，當 data 被改變之後，對應的 UI 元件也會跟著被改變。因此在 data model 與 UI 之間會保持一個對應的關係。

用白話來説，其實貪吃蛇遊戲的本體就是這些資料在進行運算，例如貪吃蛇目前的位置，貪吃蛇朝哪個方向移動等等，其實他的真面目就是一筆一筆的資料在改變他的狀態。而我們所看見的畫面，就是這些資料的視覺化呈現，所以把這些資料的儲存方式、結構設計好，就是我們這個任務卡最重要的核心。

5.7.1 貪吃蛇的構造

首先我們來解剖一下這條蛇，如下圖所示，蛇會由兩個部分來構成，一個是頭部，一個是身體。

頭部是一個紀錄 x 及 y 座標的物件，身體則是一個佇列 (Queue)，佇列的行為是先進先出（First In First Out, FIFO），佇列中每一個元素是跟頭部一樣記錄著 x 及 y 座標的物件，有了這些座標，我們就可以根據座標的位置在我們地圖的畫面上畫出一條蛇。

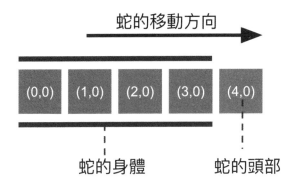

▲ 圖 5-8 貪吃蛇的頭部與身體結構

5.7.2 貪吃蛇的移動方法

接下來講蛇的移動，在每一次更新畫面的時候，頭部會根據目前的移動方向，移動到新的位置，而舊的頭部的位置，會被 push 進去佇列當中，成為身體的一部分，此時佇列的長度會變長，但是由於蛇在還沒吃到食物之前，身體的長度是固定的，所以為了讓身體保持同樣的長度，會從佇列的尾部拿掉一個元素，所以在每一次的畫面更新，就可以讓蛇看起來不斷的往前進。

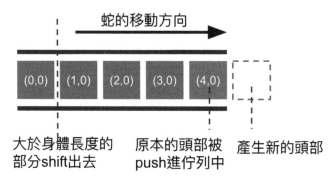

▲ 圖 5-9 貪吃蛇的移動方法

我們來分析看看這個遊戲需要哪些資訊：

- 貪吃蛇

  - 貪吃蛇的頭的位置：我們地圖上操作貪吃蛇上下左右移動的時候，說穿了其實我們就是在操作他的頭的移動而已，身體只是跟著頭的軌跡來走。因為我們是在一個二維的地圖上操作貪吃蛇，所以能夠表示他位置的最直覺方式，就是把他視為一個直角座標系，用 {x, y} 來表示頭的位置。

  - 貪吃蛇的身體的位置：為了在地圖上完整的顯示「一條」蛇，他的身體是不可或缺的，跟蛇的頭部一樣，每一個身體位置的單元，也是用 x, y 來表示，那一系列的身體單元就可以組成一條蛇，因此蛇的身體就會像是這樣：[{x1, y1}, {x2, y2}, {x3, y3}...]。

  - 蛇的身體長度：我們需要紀錄蛇的身體長度，當蛇不斷吃著食物的時候，身體會慢慢變長。所以我們需要有一個數值來紀錄目前蛇身體的長度。

  - 蛇移動的方向：蛇在地圖上移動時，是一格一格在移動的，一步一腳印，是一隻很踏實的蛇。但是蛇的下一個位置是在上下左右哪一個方向呢？因此我們需要有一個參數來紀錄這件事，例如，如果目前是往右走，那每一次蛇的頭的位置，就是 x + 1，這樣我們就能夠讓蛇不斷的往右移動，依此類推。

- 蛇的移動速度：蛇的移動速度，換句話說，就是我們多久更新一次蛇的頭的位置。當更新的間隔時間越來越短，在畫面上我們就能夠看到蛇移動的速度越來越快。我們希望蛇在吃到愈多食物的時候，能夠移動得越快，藉此來提升遊戲難度。所以我們需要有一個參數來紀錄目前是隔多久更新一次畫面。

- 貪吃蛇的食物
  - 我們需要有一個參數來紀錄目前食物所在的位置，跟蛇的頭一樣，我們用 {x, y} 來表示這個食物在地圖上的哪裡。

- 目前遊戲積分
  - 在資訊看板上面我們會顯示目前遊戲的積分，我們希望每吃到一個食物，就加一分。

- 是否已經開始遊戲
  - 當蛇吃到自己身體的時候，表示遊戲結束，因此為了區分目前遊戲是正在進行中，或是已經結束，我們需要一個參數來判別。因為當遊戲結束時，貪吃蛇就不會再移動了，並且畫面上必須顯示 Game Over 字樣，還有重新開始遊戲的按鈕。

- 遊戲是否被暫停
  - 因為我們要實作一個暫停按鈕，所以我們需要有一個參數來紀錄目前遊戲正在進行中，還是暫停中。雖然遊戲被暫停，但不表示遊戲終止，所以跟「是否已經開始遊戲」的參數必須要有個區別，這樣我們才能夠區分這些不同的狀態，而不致於混淆。

用文字描述完資料結構之後，可能會有點抽象，我們直接來看資料。

首先我們來看貪吃蛇：

```
1 // src/SnakeGame.js
2 const defaultSnake = {
3   head: { x: 2, y: 0 }, // 頭的位置
4   bodyList: [
5     { x: 1, y: 0 },
6     { x: 0, y: 0 },
7   ], // 身體的位置
8   maxLength: 3, // 蛇的長度
9   direction: ARROW_RIGHT, // 目前移動方向
10  speed: SNAKE_INITIAL_SPEED, // 目前移動速度
11 };
12
13 const [snake, setSnake] = useState(defaultSnake);
```

▲ 程 5-3

遊戲初始狀態，我們假設蛇的長度是 3，因此整條蛇 (包含頭和身體) 在
地圖上所佔的位置會是 [{x: 0, y: 0}, {x: 1, y: 0}, {x: 2, y: 0}]，所以如上述資料結構，頭就會是 {x: 2, y: 0}，剩餘的部分就是身
體。

再來蛇的移動方向，我們用字串來紀錄，由於這些字串是不會改變的常
數，我們用以下方式來表示，避免這些值被改動，也能夠讓這些不會改變
的值方便被重複使用：

```
1 // src/constants.js
2 export const ARROW_UP = "ArrowUp";
3 export const ARROW_DOWN = "ArrowDown";
4 export const ARROW_LEFT = "ArrowLeft";
5 export const ARROW_RIGHT = "ArrowRight";
```

▲ 程 5-4

那透過這些字串，我們能夠拿到對應的上下左右的方向值：

```
1 const direction = {
2   [ARROW_UP]: { x: 0, y: -1 },
3   [ARROW_DOWN]: { x: 0, y: 1 },
4   [ARROW_LEFT]: { x: -1, y: 0 },
5   [ARROW_RIGHT]: { x: 1, y: 0 },
6 };
```

▲ 程 5-5

不知道就容易搞錯的重點知識

網頁上的座標系跟我們國中在學的直角座標系有一點點不同，這裡要特別留意喔！

在網頁上，x 方向往右為正向，往左為負向，而 y 方向，往下為正向，往上為負向。

最後一個關於蛇的屬性是他的移動速度：

```
1 // src/constants.js
2 export const SNAKE_INITIAL_SPEED = 200;
```

▲ 程 5-6

我們給他 200，意思是每 200 毫秒會更新一次。

接下來我們來看「貪吃蛇的食物」，這個食物他其實很單純，只需要有位置上的描述就可以，所以我們給他一個 x, y 座標來表示：

```
1 // src/SnakeGame.js
2 const createFood = () => ({
3   x: Math.floor(Math.random() * GRID_SIZE),
4   y: Math.floor(Math.random() * GRID_SIZE),
5 });
6
7 const [food, setFood] = useState(() => createFood());
```

▲ 程 5-7

其中 createFood() 這個 function 幫助我們隨機在地圖的範圍中產生一個位置資訊。

再來，關於「目前遊戲積分」，我們給他一個整數值，初始值為 0。在未來，每當貪吃蛇吃到食物的時候，會加一分：

```
1 const [score, setScore] = useState(0);
```

▲ 程 5-8

最後，關於遊戲的狀態，包含「是否已經開始遊戲」以及「遊戲是否被暫停」，因為都只有是跟否兩種結果，所以我們用布林值來表示：

```
1 const [isGameStart, setIsGameStart] = useState(false);
2 const [isPause, setIsPause] = useState(false);
```

▲ 程 5-9

整理一下上述的資料結構設計，我們的程式碼如下：

```
1 const defaultSnake = {
2   head: { x: 2, y: 0 },
3   bodyList: [
4     { x: 1, y: 0 },
5     { x: 0, y: 0 },
6   ],
7   maxLength: 3,
8   direction: ARROW_RIGHT,
9   speed: SNAKE_INITIAL_SPEED,
10 };
11
12 const SnakeGame = () => {
13   const [snake, setSnake] = useState(defaultSnake);
14   const [food, setFood] = useState(() => createFood());
15   const [isGameStart, setIsGameStart] = useState(false);
16   const [isPause, setIsPause] = useState(false);
17   const [score, setScore] = useState(0);
18
19   return (
20     <Background>
21       <Container>
22         <Information />
23         <MainMap />
24         <Actions />
25       </Container>
26     </Background>
27   );
28 };
```

▲ 程 5-10

```
1  // src/constants.js
2  export const GRID_SIZE = 30; // 地圖為 30x30 的格子
3
4  export const SNAKE_INITIAL_SPEED = 200; // 貪吃蛇起始速度
5
6  export const ARROW_UP = "ArrowUp";
7  export const ARROW_DOWN = "ArrowDown";
8  export const ARROW_LEFT = "ArrowLeft";
9  export const ARROW_RIGHT = "ArrowRight";
10 export const SPACE = "Space";
```

▲ 程 5-11

👤 作者來敲門

在這個任務卡當中，我們說明了貪吃蛇移動的原理。並且我們將我們遊戲中
要呈現的內容，以資料的角度來思考。

透過資料，我們足以描述貪吃蛇整個遊戲的行為、狀態。接下來的任務卡當
中，我們要利用這些參數，把畫面逐漸的描繪出來。

5.8 任務卡 04：地圖

在這個任務卡當中我們要完成主畫面的地圖，也就是貪吃蛇活動的範圍。

關於這個地圖的描述如下：

- 使用 Grid 網格佈局，定義一個 30x30 的棋盤式地圖。
- 地圖的大小能夠隨著螢幕的寬度來縮放，我們僅限制他的最大寬度。

5.8.1　規劃出地圖的範圍

這裡的地圖是一個正方形的網格，因為我們希望地圖的寬度會隨著視窗大小來適應性的調整，因此我們必須要讓視窗寬度成為計算地圖大小的參數。

這裡我們要用到一個 CSS3 的單位，vw，意思是 view width，指的是視窗寬度的百分比。

下面是我們決定地圖寬度的條件：

- 地圖的最大寬度為 600px，這裡是憑感覺抓一個看起來適合的大小。
- 若視窗寬度大於 600px，則地圖的長寬以 600px 呈現。
- 當視窗的寬度小於 600px 時，則地圖寬度等同為視窗的寬度，width: 100vw。

所以換句話說，我們的寬度就是 600px 與 100vw 取較小的那個值，而高度就如同寬度。

```
1 // src/components/MainMap.js
2 const mapSize = css`
3   width: min(calc(100vw - ${PAGE_PADDING * 2}px), ${MAX_CONTENT_WIDTH - (PAGE_PADDING * 2)}px);
4   height: min(calc(100vw - ${PAGE_PADDING * 2}px), ${MAX_CONTENT_WIDTH - (PAGE_PADDING * 2)}px);
5 `;
```

▲ 程 5-12

```
1 // src/constants.js
2 export const PAGE_PADDING = 8;
3 export const MAX_CONTENT_WIDTH = 600;
```

▲ 程 5-13

上面的算式當中我加上了 PAGE_PADDING，這個表示我希望能夠留給地圖一些間距，因為左右兩邊都要有間距，所以乘上兩倍。

以下就會是我們會看到的畫面：

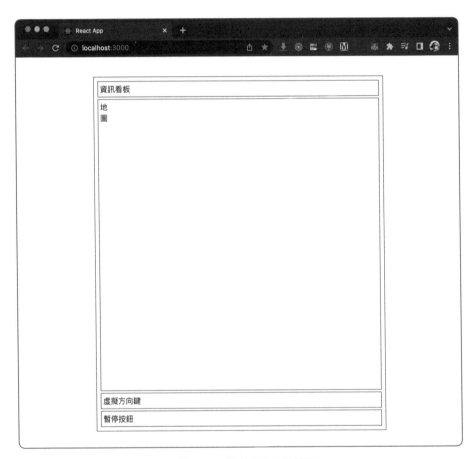

▲ 圖 5-10 規劃出地圖的範圍

可以看到，我們以瀏覽器模擬 iPhone 12 Pro 的視窗大小 (390x844)，地圖的範圍也能夠適應視窗大小來調整：

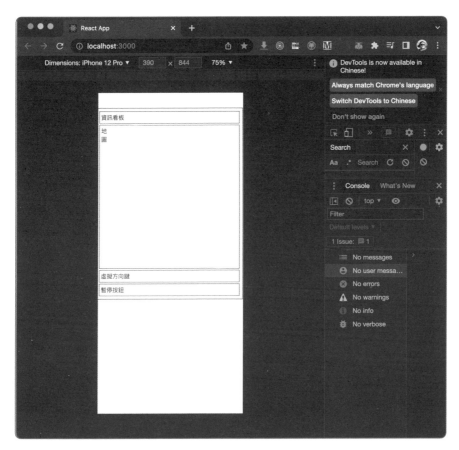

▲ 圖 5-11 規劃出地圖的範圍 (手機版)

5.8.2 刻畫 **30x30** 的貪吃蛇地圖

接下來我們要來刻畫 30x30 的地圖，以下是我們的步驟：

- 產生一個長度為 30 的陣列，陣列中的每一個單元，代表地圖上的一個格子。
- 由於是一個二維的地圖，因此透過兩層的巢狀迴圈來製作 30x30 個格子。

以下是我們的程式碼：

```
1 import React from "react";
2 import styled, { css } from "styled-components";
3
4 import { PAGE_PADDING, MAX_CONTENT_WIDTH, GRID_SIZE } from "../constants";
5
6 const mapSize = css`
7   width: min(
8     calc(100vw - ${PAGE_PADDING * 2}px),
9     ${MAX_CONTENT_WIDTH - (PAGE_PADDING * 2)}px);
10   height: min(
11     calc(100vw - ${PAGE_PADDING * 2}px),
12     ${MAX_CONTENT_WIDTH - (PAGE_PADDING * 2)}px);
13 `;
14
15 const GridContainer = styled.div`
16   ${mapSize}
17   display: grid;
18   grid-template-columns: repeat(${GRID_SIZE}, 1fr);
19   grid-template-rows: repeat(${GRID_SIZE}, 1fr);
20   grid-gap: 2px;
21 `;
22
23 const Square = styled.div`
24   background-color: #161616;
25 `;
26
27 const MainMap = () => {
28   const squares = Array(GRID_SIZE).fill(0).map((_, index) => index);
29   return (
30     <GridContainer>
31       {
32         squares.map((row) => squares.map((column) => (
33           <Square
34             key={`${row}_${column}`}
35             data-x={column}
36             data-y={row}
37           />
38         )))
39       }
40     </GridContainer>
41   );
42 };
43
44 export default MainMap;
```

▲ 程 5-14

由於我們先前為了方便說明展示而留下來的樣式 styleForDemo，他可能會影響到目前的排版，因此我們先把他拿掉：

```javascript
1  // src/SnakeGame.js
2  const styleForDemo = css`
3    * {
4      border: 1px solid black;
5      padding: 4px;
6      margin: 4px;
7    }
8  `;
9
10 const Background = styled.div`
11   display: flex;
12   justify-content: center;
13   /* ${styleForDemo} */
14 `;
```

▲ 程 5-15

這裡可以特別留意，我們在製作地圖的時候，利用了 Grid 的排版技巧，所以可以很方便的讓 `<Square />` 元件做出 30x30 棋盤式的排版。GridContainer 顧名思義就是 Grid 的容器，我們在上面宣告了 `display: grid;`。並且在容器上利用 grid-template-columns 以及 grid-template-rows 這兩個屬性，來決定內元件的排列方式。

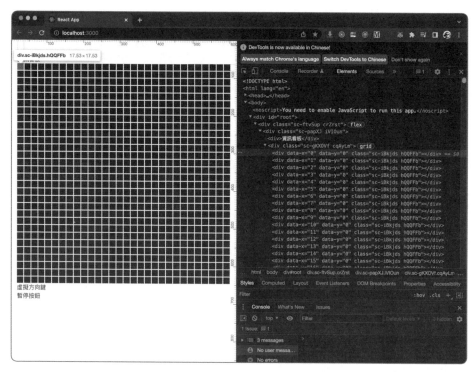

▲ 圖 5-12 使用 Grid 切出 30x30 的貪吃蛇地圖

可以看到我們已經產生了 30x30 的網格，並且每一個格子上有我們的 x, y 座標，我們用 data-x, data-y 來標示，方便我們觀察和除錯。

作者來敲門

在這個任務當中我們完成了幾件事：

我們透過使用 vw 這個屬性，幫助我們製作了一個能夠隨著視窗大小伸縮的地圖。

我們練習使用 display: grid; 來做二維的排版，幫我們製作出 30x30 的網格。

在每一個格子上，我們利用 data-attribute 來標示出 x, y 的座標位置，幫助我們後續的任務能夠方便的進行。

讀者可以試著思考看看，如果今天我們不利用 display: grid; 該如何才能做出 30x30 的排版呢？想必我們需要產生的 DOM 會變得很複雜，像是這樣：

```
 1  <Map>
 2    <Row row="0">
 3      <Square column="0" />
 4      <Square column="1" />
 5      <Square column="2" />
 6      <Square column="3" />
 7      {/* 省略 */}
 8      <Square column="29" />
 9    </Row>
10    <Row row="1">
11      <Square column="0" />
12      <Square column="1" />
13      <Square column="2" />
14      <Square column="3" />
15      {/* 省略 */}
16      <Square column="29" />
17    </Row>
18    {/* 省略 */}
19    <Row row="29">
20      <Square column="0" />
21      <Square column="1" />
22      <Square column="2" />
23      <Square column="3" />
24      ...
25      <Square column="29" />
26    </Row>
27  </Map>
```

▲ 程 5-16

而這樣的複雜度，會導致我們後續要把貪吃蛇放上地圖的時候，成為一個頭痛的問題，因為我們要寫的程式碼以及判斷會複雜很多，程式複雜的話，就會容易出錯，也會不容易除錯。

實際上練習過、吃過苦頭之後，才會深刻的體會到 Grid 排版對於前端切版的幫助，如果可以的話，強烈建議讀者可以嘗試看看喔！想必透過這樣的練習，會讓你留下深刻的印象。

5.9 任務卡 05：讓貪吃蛇的頭 可以在地圖上移動

5.9.1 地圖上畫出貪吃蛇的頭部

有了地圖之後，我們就可以開始讓蛇在上面爬了，這個任務的目標是畫出蛇的頭，並且可以操控他在地圖上跑來跑去。

我們先來複習一下貪吃蛇的資料結構：

```
 1 const defaultSnake = {
 2   head: { x: 2, y: 0 },
 3   bodyList: [
 4     { x: 1, y: 0 },
 5     { x: 0, y: 0 },
 6   ],
 7   maxLength: 3,
 8   direction: ARROW_RIGHT,
 9   speed: SNAKE_INITIAL_SPEED,
10 };
```

▲ 程 5-17

透過這個資料結構我們知道，頭的位置目前是在地圖的 `{ x: 2, y: 0 }` 這個位置上。

讓貪吃蛇的頭能夠出現在地圖上，以資料的角度換句話說，就是讓地圖上 `{ x: 2, y: 0 }` 這個座標位置的方格變成白色 (因為我們貪吃蛇是白色的)。

所以首先我們要讓 snake 這個 state 成為 `<MainMap />` 的 props，這樣我
們才能夠在地圖上使用 snake 這個結構的資料：

```
1 // src/SnakeGame.js
2 const [snake, setSnake] = useState(defaultSnake);
3
4 <MainMap snake={snake} />
```

▲ 程 5-18

接下來我們要比對地圖上所有的格子的座標，是否等於貪吃蛇的頭的座
標，若座標相同，則方格變成白色：

```
 1 // src/components/MainMap.js
 2 const Square = styled.div`
 3   background-color: ${(props) => (props.$isSnake ? "#FFF" : "#161616")};
 4 `;
 5
 6 squares.map((row) => squares.map((column) => {
 7   const isSnake = [head].find((item) => item.x === column && item.y === row);
 8   return (
 9     <Square key={`${row}_${column}`} data-x={column} data-y={row} $isSnake={isSnake} />
10   );
11 }))
```

▲ 程 5-19

這裡有一個比較怪異的地方我特別說明一下，就是下面這個算式：

```
1 const isSnake = [head].find((item) => item.x === column && item.y === row);
```

▲ 程 5-20

head 的內容為 { x: 2, y: 0 }，之所以讓他成為一個陣列 [head]，其實是為了往後鋪路，因為我們貪吃蛇不是只有頭而已，還需要包含身體，所以之後身體加進來的時候，會變成這樣：

```
1 const isSnake = [head, ...body].find((item) => item.x === column && item.y === row);
```

▲ 程 5-21

透過這樣的方式，我們就能夠抓出整條蛇在地圖上的呈現，但是目前這個任務卡只需要處理頭部，所以看起來會有點奇怪，這邊特別說明一下。

這邊給大家看一下完整的程式碼：

```
1 // src/components/MainMap.js
2 const Square = styled.div`
3   background-color: ${(props) => (props.$isSnake ? "#FFF" : "#161616")};
4 `;
5
6 const MainMap = ({ snake }) => {
7   const { head } = snake;
8   const squares = Array(GRID_SIZE).fill(0).map((_, index) => index);
9   return (
10     <GridContainer>
11       {
12         squares.map((row) => squares.map((column) => {
13           const isSnake = [head].find((item) => item.x === column && item.y === row);
14           return (
15             <Square key={`${row}_${column}`} data-x={column} data-y={row} $isSnake={isSnake} />
16           );
17         }))
18       }
19     </GridContainer>
20   );
21 };
```

▲ 程 5-22

到目前為止，我們就能夠把頭部畫在地圖上了：

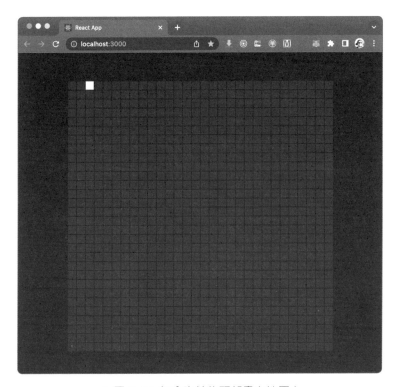

▲ 圖 5-13 把貪吃蛇的頭部畫在地圖上

5.9.2 讓貪吃蛇的頭部在地圖上移動

接下來我們要讓這個頭可以移動，移動的原理。用一句話來說，就是「頭部的位置每單位時間加上方向的向量」。用簡易的程式碼來表示，就是每單位時間做如下的運算：

```
1 const newHead = head + direction;
```

▲ 程 5-23

接下來我們要實作「每單位時間執行某一件事」，這裡我們要使用到的方法是 setInterval()，可以在指定的間隔時間不斷的重複執行指定的動作。因此我們能透過 setInterval() 在每固定間隔時間去更新貪吃蛇頭部的位置，達到頭部在地圖上移動的效果。

下一個問題是，那 setInterval() 應該要在哪個地方執行呢？我們仔細想想 React 的生命週期，我們需要在每次畫面渲染完成之後，再進行下一回合的更新，如此不間斷的更新畫面。在過去使用 class component 的時候，我們會在 componentDidMount 當中執行 setInterval()，而 functional component 對應的，就是 useEffect 這個 hook。

以下是我們的程式碼：

```
1 // src/SnakeGame.js
2 useEffect(() => {
3   const gameIntervalId = setInterval(() => {
4     setSnake((prevSnake) => {
5       const updatedX = formatPosition(prevSnake.head.x + directionMap[prevSnake.direction].x);
6       const updatedY = formatPosition(prevSnake.head.y + directionMap[prevSnake.direction].y);
7       return ({
8         ...prevSnake,
9         head: {
10          x: updatedX,
11          y: updatedY,
12        },
13      });
14    });
15  }, snake.speed);
16  return () => {
17    clearInterval(gameIntervalId);
18  };
19 }, []);
```

▲ 程 5-24

我們來說明一下這段程式碼的一些關鍵步驟。

當我們執行 setInterval() 的時候，他會回傳一個 intervalId，這裡我們取名為 gameIntervalId，這個 Id 的用途是讓我們可以透過 clearInterval() 來停止 setInterval() 的執行。我們在 useEffect 的 return，也就是他的 cleanup function 當中清除 setInterval() 的執行。這個 cleanup function 階段可以對應到生命週期的 component will unmount。

接著，我們在 setSnake 當中更新貪吃蛇頭部的座標：

```
1 const updatedX = formatPosition(prevSnake.head.x + directionMap[prevSnake.direction].x);
2 const updatedY = formatPosition(prevSnake.head.y + directionMap[prevSnake.direction].y);
3
4 const directionMap = { // 在 directionMap 中定義各個方向的向量：
5   [ARROW_UP]: { x: 0, y: -1 },
6   [ARROW_DOWN]: { x: 0, y: 1 },
7   [ARROW_LEFT]: { x: -1, y: 0 },
8   [ARROW_RIGHT]: { x: 1, y: 0 },
9 };
```

▲ 程 5-25

其中 formatPosition 的內容如下，這個 function 的目的是幫我們做到能夠左進右出，貪吃蛇移動到超過左邊的邊界，就會從右邊出來，當然各個方向也是依此類推：

```
 1 // src/SnakeGame.js
 2 const formatPosition = (position) => {
 3   if (position > (GRID_SIZE - 1)) {
 4     return 0;
 5   }
 6   if (position < 0) {
 7     return GRID_SIZE - 1;
 8   }
 9   return position;
10 };
```

▲ 程 5-26

到目前為止，我們就能夠讓貪吃蛇的頭在地圖上移動了！

5.9.3 透過鍵盤操作讓貪吃蛇改變方向

接下來要來監聽鍵盤的事件。過去在使用 class component 時會在 componentDidMount 的生命週期階段監聽事件。而以 React Hook 的寫法，我們就會需要放在 useEffect 當中。

useEffect 會在元件渲染時綁定一個 keydown 事件監聽器到 window 元素上，並使用 handleKeydown 函式作為事件處理函式，在元件卸載時，useEffect 會返回一個清除函式，將 keydown 事件監聽器從 window 元素上移除。

```
1 useEffect(() => {
2   window.addEventListener("keydown", handleKeydown);
3   return () => {
4     window.removeEventListener("keydown", handleKeydown);
5   };
6 }, [handleKeydown]);
```

▲ 程 5-27

以下是作為事件處理函式的 handleKeydown：

```
1 const handleKeydown = useCallback((event) => {
2   const { code } = event;
3   handleChangeDirection(code);
4 }, [snake]);
```

▲ 程 5-28

🐧 **小天使來補充**

useCallback 是一個 React Hooks，它會在元件重新渲染時返回一個記憶體中已經存在的函式，而不是重新創建一個新的函式。它可以用來減少不必要的渲染、提升性能。

useCallback 的第一個參數是一個函式，第二個參數是一個 dependency array。當 dependency array 不更改時，useCallback 會返回上一次返回的函數，否則返回一個新的函式。

它常用在元件的子元件使用函式作為 props 時，避免子元件因為父元件的更新而重新渲染。

總而言之，當你有一個函式被多個組件使用時，並且不需要每次父元件重新創建這個函式時，可以考慮使用 useCallback 來減少不必要的渲染、提升性能。

在這裡監聽的 event.code 分別為 ArrowUp、ArrowDown、ArrowLeft、ArrowRight。

以 ArrowUp 為例，當我們的 event code 為 ArrowUp 時，我們要將貪吃蛇的移動方向 snake.direction 改為 ArrowUp，這樣就完成了。再來我們做一點防範，如果目前貪吃蛇往上走，那我們就不能讓他往返方向，也就是往下走，依此類推，所以我們以 ArrowUp 為例：

```
1 if (directionKey === ARROW_UP && snake.direction !== ARROW_DOWN) {
2   setSnake((prevSnake) => ({
3     ...prevSnake,
4     direction: ARROW_UP,
5   }));
6 }
```

▲ 程 5-29

完整的 handleChangeDirection 如下：

```
 1 const handleChangeDirection = (directionKey) => {
 2   if (directionKey === ARROW_UP && snake.direction !== ARROW_DOWN) {
 3     setSnake((prevSnake) => ({
 4       ...prevSnake,
 5       direction: ARROW_UP,
 6     }));
 7   }
 8   if (directionKey === ARROW_DOWN && snake.direction !== ARROW_UP) {
 9     setSnake((prevSnake) => ({
10       ...prevSnake,
11       direction: ARROW_DOWN,
12     }));
13   }
14   if (directionKey === ARROW_LEFT && snake.direction !== ARROW_RIGHT) {
15     setSnake((prevSnake) => ({
16       ...prevSnake,
17       direction: ARROW_LEFT,
18     }));
19   }
20   if (directionKey === ARROW_RIGHT && snake.direction !== ARROW_LEFT) {
21     setSnake((prevSnake) => ({
22       ...prevSnake,
23       direction: ARROW_RIGHT,
24     }));
25   }
26 };
```

▲ 程 5-30

因為我們之前資料結構設計得很不錯，所以在做這邊的時候就很輕鬆，只需要修改 direction 的狀態，就能夠達到我們想要的效果。

👤 作者來敲門

在這個任務卡當中，我們漸進性的完成下面三個階段：

- 地圖上畫出貪吃蛇的頭部
- 讓貪吃蛇的頭部在地圖上移動
- 透過鍵盤操作讓貪吃蛇改變方向

每個階段當中我們都做了很棒的練習。

在「地圖上畫出貪吃蛇的頭部」當中我們練習 React props 的傳遞，包含從 `<MainMap />` 傳入 snake 當作 props，以及我們利用 styled-components，也能在 `<Square />` 當中傳入 $isSnake 當作 props 來改變 CSS 樣式，藉此顯示貪吃蛇的頭部。

在「讓貪吃蛇的頭部在地圖上移動」當中，我們練習使用 setInterval() 這個方法，每間格一段時間去執行特定的動作，我們這裡的動作就是改變貪吃蛇頭部的位置，並且我們也練習使用了 useEffect 這個 hook，這當中需要包含我們對 React 生命週期的理解。

最後，「透過鍵盤操作讓貪吃蛇改變方向」我們再次熟悉了 useEffect，並且使用了 JS 的監聽事件 keydown，讓我們透過監聽鍵盤的輸入取得相對應的 event code，且做出對應的改變，這裡我們練習的是讓貪吃蛇能夠改變移動方向。

這個單元的內容比較多，但是每一個練習應用到的技巧其實在未來的應用當中都會非常常見，透過熟練這個任務卡，我們能夠對於 React 更加掌握，是很值得多練習幾次的任務卡喔！

5.10 任務卡 06：加入貪吃蛇的身體

我們已經讓貪吃蛇的頭部可以在地圖上移動，並且透過鍵盤的方向鍵可以操作他。

其實要加上貪吃蛇的身體，並讓他在地圖上可以移動，並不難，因為身體是跟著頭在移動的，所以我們只要觀察，哪裡跟頭部有關，那裡就可能會需要加上身體。

下面是我找到跟頭部有關，需要加上身體的地方：

- `<MainMap />` 當中，畫出頭部的同時，我們也要畫出身體，這個在之前任務卡當中有稍微提到一下下。
- 在 useEffect 裡面我們透過使用 setInterval() 來更新頭部位置時，我們同樣也要更新身體的位置。

5.10.1 地圖中畫出蛇的身體

首先來看 `<MainMap />`，原本只有頭部的時候，用來判斷地圖上的網格是否為貪吃蛇的身體時，我們是這樣寫：

```
1 // src/components/MainMap.js
2 const { head } = snake;
3 const isSnake = [head].find((item) => item.x === column && item.y === row);
```

▲ 程 5-31

所以地圖上只會看到一個點在移動而已。

接下來我們加上蛇的身體也很簡單，只要改成下面這樣就行了：

```javascript
1 // src/components/MainMap.js
2 const { head, bodyList } = snake;
3 const isSnake = [head, ...bodyList].find((item) => item.x === column && item.y === row);
```

▲ 程 5-32

特別留意的是，bodyList 和 head 的資料型別不一樣，head 是單一個物件，而 bodyList 則是一維陣列的物件，因此這裡的 bodyList 才會需要解構之後跟 head 接在一起。

這一段落完整的程式碼如下：

```javascript
 1 // src/components/MainMap.js
 2 const MainMap = ({ snake }) => {
 3   const { head, bodyList } = snake;
 4   const squares = Array(GRID_SIZE).fill(0).map((_, index) => index);
 5   return (
 6     <GridContainer>
 7       {
 8         squares.map((row) => squares.map((column) => {
 9           const isSnake = [head, ...bodyList].find((item) => item.x === column && item.y === row);
10           return (
11             <Square key={`${row}_${column}`} data-x={column} data-y={row} $isSnake={isSnake} />
12           );
13         }))
14       }
15     </GridContainer>
16   );
17 };
```

▲ 程 5-33

5.10.2 貪吃蛇身體的移動

接著我們要讓蛇的身體能夠移動，原理跟頭部移動是一樣的，我們需要在 useEffect 裡面透過使用 setInterval() 來更新貪吃蛇身體的位置。

原本我們更新頭部的時候我們只需要更新 snake.head 內 x 與 y 的數值，更新身體的時候，我們則除了頭部以外，也要更新 snake.bodyList 這個陣列的數值。

更新的部分我拆成兩個步驟：

- 先把舊的頭部的位置也加入身體的一部分，並且放在陣列的第一個位置。
- 再來我們看看身體目前是否符合貪吃蛇應該有的長度，也就是 snake. maxLength，太長的部分，從尾巴的地方截斷。

把上述兩句話轉換成程式碼的話，如下：

```
1 // src/SnakeGame.js
2 const newBodyList = [
3     prevSnake.head, // 舊的頭部的位置也加入身體的一部分
4     ...prevSnake.bodyList.slice(0, prevSnake.maxLength - 2), // 太長的地方從尾巴截斷
5 ];
```

▲ 程 5-34

slice 這個函式的功能是回傳一個新陣列物件，此新陣列物件為原陣列選擇的 begin 至 end（不含 end）部分的淺拷貝（shallow copy）。

以目前 maxLength 為 3 為例，我們想要做的事情是，要限制貪吃蛇的頭包含身體的長度需要是 3。既然新頭部的長度是 1 了，那剩下身體的部分需要只留 2 單位。

意思是就是 newBodyList 的長度需要只有 2 單位，而舊的頭部因為成為身體的一部分了，也佔一單位，所以剩下的一單位就是剩餘身體的長度。

完整更新身體的程式碼如下：

```
1 // src/SnakeGame.js
2 useEffect(() => {
3   const gameIntervalId = setInterval(() => {
4     setSnake((prevSnake) => {
5       const updatedX = formatPosition(prevSnake.head.x + directionMap[prevSnake.direction].x);
6       const updatedY = formatPosition(prevSnake.head.y + directionMap[prevSnake.direction].y);
7       const newBodyList = [
8         prevSnake.head,
9         ...prevSnake.bodyList.slice(0, prevSnake.maxLength - 2),
10      ];
11      return ({
12        ...prevSnake,
13        head: {
14          x: updatedX,
15          y: updatedY,
16        },
17        bodyList: newBodyList,
18      });
19    });
20  }, snake.speed);
21  return () => {
22    clearInterval(gameIntervalId);
23  };
24 }, []);
```

▲ 程 5-35

完成到這一步的時候，我們就已經有一條有模有樣的貪吃蛇了：

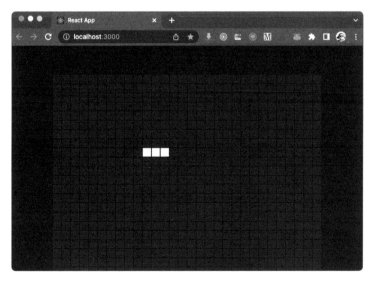

▲ 圖 5-14 把貪吃蛇的身體畫在地圖上

👤 作者來敲門

在這個任務當中，我們延續了上一個更新貪吃蛇頭部的任務，我們把身體加入進去，因此我們再次複習了一次 useEffect 以及 setInterval() 互相搭配的使用方法。並且在更新貪吃蛇身體時，我們練習使用了 slice 這個函式，幫助我們能夠將貪吃蛇維持在我們希望的長度。

希望在這兩個任務當中，我們能夠對於 useEffect 以及 setInterval() 更加熟悉，並且我們也大量的使用陣列物件相關的運算，例如 bodyList 的解構，以及利用 slice 來截斷太長的部分。

另外一個比較進階的概念是，我們在做陣列的操作時，盡量會利用 immutable 的方式來操作陣列，也就是說要更新一個陣列時，並不改變原本已經宣告出來的陣列，而是新宣告一個陣列來取代舊有的部分。像是要更新貪吃蛇的身體，我們就會新宣告一個參數，而不是去改變原本舊有的參數：

```
1 const newBodyList = [
2   prevSnake.head,
3   ...prevSnake.bodyList.slice(0, prevSnake.maxLength - 2),
4 ];
```

▲ 程 5-36

這樣的好處是可以幫助我們對每個宣告出來的參數，從頭到尾的認知是一樣的，從此以後不會再看到一個參數裡面的值，會因為經過不同階段的程式運算而改變裡面的內容，從上述的例子來說，很明顯就能夠看出來 newBodyList 跟 bodyList 內容是不一樣的，因為光從名字上面就不一樣。否則我們就會看到 bodyList 原本是這個值，但是他經過一個運算之後就變成另外一個值，這樣會讓我們對整個程式碼的掌握度變低，除錯也會變得困難，因為你很難掌握目前 bodyList 內容是什麼。

另一個部份的重點理由是，我們需要理解 React 的生命週期當中，在渲染執行之前，會對 state 做 shallow comparison，當 preState 跟 nextState 不同時，才會對畫面做更新。但問題就在於，如果我們對物件類型的參數，包含陣列，做非 immutable 的操作時，shallow comparison 會認為 preState 跟 nextState 並沒有什麼不同，因為他比較的不是這個物件的內容，而是這個物件的 reference，所以在這些地方很容易會產生非預期的結果。明明我已經改變資料了，為什麼畫面沒有改變呢？這樣的事情會很容易發生。這邊的概念建議讀者再進一步查找資料去深入研究喔！

5.11 任務卡 07：產生貪吃蛇的食物

在這個任務當中我們要產生貪吃蛇的食物，並且把他呈現在地圖上。

幫讀者複習一下，在「設計資料結構」那個單元當中，其實我們已經把貪吃蛇的食物資料準備好了：

```js
// src/SnakeGame.js
const createFood = () => ({
  x: Math.floor(Math.random() * GRID_SIZE),
  y: Math.floor(Math.random() * GRID_SIZE),
});

const [food, setFood] = useState(() => createFood());
```

▲ 程 5-37

createFood() 這個函式的意思，就是在 30x30 這個地圖上，透過 Math.random() 來隨機產生食物的 x 和 y 位置座標。

既然已經有了食物的座標，我們就可以把他畫在地圖上了！

那畫的方式當然跟我們把貪吃蛇的頭部和身體畫在地圖上是一樣的原理：

```
1  const MainMap = ({ snake, food }) => {
2    const { head, bodyList } = snake;
3    const squares = Array(GRID_SIZE).fill(0).map((_, index) => index);
4    return (
5      <GridContainer>
6        {
7          squares.map((row) => squares.map((column) => {
8            const isSnake = [head, ...bodyList].find((item) => item.x === column && item.y === row);
9            const isFood = food.x === column && food.y === row; // 食物座標比對
10           return (
11             <Square
12               key={`${row}_${column}`}
13               data-x={column}
14               data-y={row}
15               $isSnake={isSnake}
16               $isFood={isFood}
17             >
18               {isFood && <Food />}
19             </Square>
20           );
21         }))
22       }
23     </GridContainer>
24   );
25 };
```

▲ 程 5-38

接下來要設計一下食物的造型，當然如果我們簡單做的話，只需要把地圖
上跟食物座標對應的那個格式畫上不同顏色以標示食物就可以了。

但是我們在這裡可以練習一下做一些動畫，讓食物看起來比較可口，整個
畫面看起來也比較炫：

```
1  const Food = styled.div`
2    border-radius: 100%;
3    width: 100%;
4    height: 100%;
5    background: red;
6    animation: ${ripple} 2s infinite;
7    position: relative;
8  `;
```

▲ 程 5-39

食物的形狀我們給他圓形，所以 border-radius 來決定他的圓角。

再來食物我們希望他是紅色，看起來像是紅通通的蘋果，用 background 設置為紅色。

最後，我們想要加上一點漣漪的動畫，讓他看起來閃閃動人，這裡我們練習一下用 styled-components 提供的 keyframes，使用方式與原生 css 相似：

```
1 const ripple = keyframes`
2   0% {
3     -moz-box-shadow: 0 0 0 0 red;
4     box-shadow: 0 0 0 0 red;
5   }
6   70% {
7     -moz-box-shadow: 0 0 0 20px rgba(204,169,44, 0);
8     box-shadow: 0 0 0 20px rgba(204,169,44, 0);
9   }
10  100% {
11    -moz-box-shadow: 0 0 0 0 rgba(204,169,44, 0);
12    box-shadow: 0 0 0 0 rgba(204,169,44, 0);
13  }
14 `;
```

▲ 程 5-40

我們使用 box-shadow 來當作他的漣漪，然後往外擴散變大的時候，慢慢變淡。

以下就是我們的效果了，是不是很酷呢！

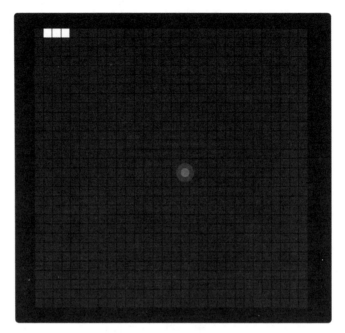

▲ 圖 5-15　產生貪吃蛇的食物成果展示

🧑 作者來敲門

在這個任務當中我們把貪吃蛇的食物畫在地圖上，用到的手法跟畫貪吃蛇的
頭部和身體是一樣的，相信大家已經很熟悉了。

比較特別的是我們練習使用了 CSS animation 來做動畫，搭配 styled-
components 的 keyframes，效果真的非常的不錯，可以在不同的時間點設
定不同的屬性，這裡我們只使用到 box-shadow，我們隨著時間改變了他的
顏色，就能夠達到不錯的效果，如果大家有不錯的創意，也可以自己玩玩看
喔！

▌ **5.12 任務卡 08：貪吃蛇吃到食物會變長** ▌

我們已經把貪吃蛇跟食物都擺放到地圖上了，接下來我們要來處理吃到食物這件事情，所以我們簡單來拆解動作，可以拆成下面幾個步驟：

- 蛇吃到食物
- 吃到食物身體要變長
- 吃到食物後，蛇的移動速度要加快
- 產生新的食物

5.12.1 蛇吃到食物

我們試著想想看，從資料上來看，要如何判斷蛇已經吃到食物了呢？相信很多讀者已經想到了，沒錯，就是貪吃蛇的頭部與食物的座標「重疊」的時候。

```
1 const eatFood = snake.head.x === food.x && snake.head.y === food.y;
```

▲ 程 5-41

5.12.2 吃到食物身體要變長

接下來，還記得在處理蛇的移動時，我們藉由 useEffect 以及 setInterval() 來在每個固定間格時間更新蛇的位置。

所以我們需要在蛇每一動一格的時候都要做檢查，看看貪吃蛇的頭部是不是跟食物重疊了，也就是吃到食物了，若吃到了，我們就讓身體變長吧！

那下一個問題是，應該把檢查是否吃到食物的邏輯放在哪裡呢？如果熟悉之前 React lifecyle 的話，我們會知道應該要放在 componentDidUpdate 這個生命週期的階段，那轉換成 hook 的寫法之後，當然就是放在 useEffect 裡面啦！然後為了讓程式碼更獨立和乾淨一點，我們不要把程式碼跟前面更新蛇的身體的那個 useEffect 混在一起，我們另外拉一個出來做：

```
1  useEffect(() => {
2    if (eatFood) {
3      setScore((prevScore) => prevScore + 1);
4      setSnake((prevSnake) => ({
5        ...prevSnake,
6        maxLength: prevSnake.maxLength + 1,
7      }));
8    }
9  }, [eatFood]);
```

▲ 程 5-42

首先我們要注意 useEffect 的寫法，到底 useEffect 的內容什麼時候會被執行呢？我們要看它的第二個參數，當第二個參數內容的值有改變的時候，它會在 componentDidUpdate 階段被執行。

那我們執行的內容，就很直覺，如果有吃到食物，分數加一，然後蛇的最長身長加一。

> ### 不知道就容易搞錯的重點知識
>
> useEffect 的執行時機真的非常的重要喔！特別是他的第二個參數，是一個 array，用來比對 array 內的內容是否改變，藉此來決定是否執行 useEffect 內的內容，這個我們在「技能大補帖」當中有特別說明，而現在就是它應用的時機！
>
> 隨著 array 內容的不同，會執行的時機也不同，所以有可能也會造成執行時機非預期而資料錯誤。甚至更嚴重一點，有可能會在這裡造成無窮迴圈喔！因此使用 useEffect 一定要特別留意！

5.12.3 吃到食物後，蛇的移動速度要加快

再來我們要改變蛇移動的速度，這裡是上一個步驟的延伸，我們原本蛇的速度是 snake.speed ，預設是 SNAKE_INITIAL_SPEED=200 毫秒。這個數字是貪吃蛇 setInerval() 的更新間格時間。

為了要讓他速度變快，當然我們就是要讓間格時間變短啦！所以我們讓他減去一個固定的數字，這裡的 SNAKE_DELTA_SPEED 我設為 50。

```
1 const updatedSpeed = prevSnake.speed - SNAKE_DELTA_SPEED;
```

▲ 程 5-43

但是我們不能讓速度變得太小或變成負的，所以我們需要給他一個最小值，當小於最小值的時候，我們讓他速度保持一個最低速，SNAKE_LIMITED_SPEED 我設為 10。

所以整體來説程式碼就會變成這樣啦：

```
1  useEffect(() => {
2    if (eatFood) {
3      setScore((prevScore) => prevScore + 1);
4      setSnake((prevSnake) => {
5        const updatedSpeed = prevSnake.speed - SNAKE_DELTA_SPEED;
6        return ({
7          ...prevSnake,
8          maxLength: prevSnake.maxLength + 1,
9          speed: Math.max(updatedSpeed, SNAKE_LIMITED_SPEED),
10       });
11     });
12   }
13 }, [eatFood]);
```

▲ 程 5-44

最後，有一個小細節，在我們更新完速度之後，我們要記得回去更新
useEffect 裡面的 setInterval() 喔！

```
1  useEffect(() => {
2    const gameIntervalId = setInterval(() => {
3      setSnake((prevSnake) => {
4        /* 更新蛇的資料 */
5      });
6    }, snake.speed);
7    return () => {
8      clearInterval(gameIntervalId);
9    };
10 }, [snake.speed]); // 當蛇的速度更新時，要重新執行 useEffect
```

▲ 程 5-45

5.12.4 產生新的食物

我們在做資料結構設計的時候，已經把產生食物的函式做出來了，所以在這個階段，我們只需要再呼叫一次這個函式，並把他更新到 state 裡面就可以了：

```
1 useEffect(() => {
2   if (eatFood) {
3     setFood(createFood()); // 產生新的食物
4     setScore((prevScore) => prevScore + 1); // 吃到一個食物加一分
5     setSnake((prevSnake) => {
6       const updatedSpeed = prevSnake.speed - SNAKE_DELTA_SPEED;
7       return ({
8         ...prevSnake,
9         maxLength: prevSnake.maxLength + 1,
10        speed: Math.max(updatedSpeed, SNAKE_LIMITED_SPEED),
11      });
12    });
13  }
14 }, [eatFood]);
```

▲ 程 5-46

5.14.5 顯示目前分數

我們的計分方式是每吃到一個食物加一分，在上面我們已經把分數計算完了，接著我們只要把他顯示出來就可以了：

```
1 // src/components/Information.js
2 import React from 'react';
3
4 import styled from 'styled-components';
5
6 const Score = styled.div`
7   font-weight: 700;
8   font-size: 24px;
9   color: white;
10 `;
11
12 const Information = ({ score }) => (
13   <Score>
14     {`Score: ${score}`}
15   </Score>
16 );
17
18 export default Information;
```

▲ 程 5-47

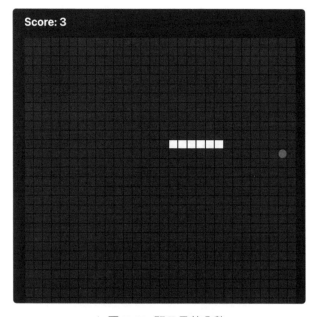

▲ 圖 5-16 顯示目前分數

大家是不是覺得這個任務卡特別簡單呢？如果大家也跟我一樣這麼覺得的話，那表示，我們正一起感受到之前資料結構設計優良所帶來的好處。

前面資料結構設計得漂亮，在後面就算面臨複雜的情境，我們也只需要改變幾個參數就好了，就像我們在這個任務當中實作的一樣！

5.13 任務卡 09：貪吃蛇吃到自己會死

5.13.1 遊戲結束判斷條件

當蛇吃到自己時，表示遊戲結束 (game over)。

另外吃到自己判斷條件，就是身體與頭部位置的重疊，所以原理跟貪吃蛇吃到食物是很類似的：

```
1 const gameOver = snake.bodyList.find(
2   (item) => item.x === snake.head.x && item.y === snake.head.y,
3 );
```

▲ 程 5-48

那當然我們也是需要每一個 setInterval() 的單位時間都檢查是不是已經 game over 了，如果 game over 條件達成，我們就把這個狀態儲存下來，並且拿他來做其他相關行為的判斷：

```
1 const [isGameStart, setIsGameStart] = useState(false);
2
3 useEffect(() => {
4   if (gameOver) {
5     setIsGameStart(false);
6   }
7 }, [gameOver]);
```

▲ 程 5-49

5.13.2　遊戲結束時停止貪吃蛇的移動

因為貪吃蛇吃到自己時，已經死了，所以死了的蛇是不會移動的。

為了讓蛇停止移動，我們需要在先前更新貪吃蛇位置的 useEffect 當中，加入終止條件：

```
1 useEffect(() => {
2   const gameIntervalId = setInterval(() => {
3     if (!isGameStart) { // 若遊戲結束，則不再更新貪吃蛇的狀態
4       return;
5     }
6     setSnake((prevSnake) => {
7       /* 更新貪吃蛇 */
8     });
9   }, snake.speed);
10  return () => {
11    clearInterval(gameIntervalId);
12  };
13 }, [snake.speed, isGameStart]); // 更新條件加入偵測 isGameStart 的狀態
```

▲ 程 5-50

👤 作者來敲門

這個任務當中，我們使用 find 的這個函式來判斷是否蛇的身體跟頭部重疊。

find() 方法會回傳第一個滿足所提供之測試函式的元素值。否則回傳 undefined。所以，如果在身體的位置上找到頭部的位置的話，那就表示身體與頭部重疊了。

這個函式是蠻常用的函式，用來查找陣列當中是否存在目標元素，希望大家也能夠透過這個任務多熟悉。

5.14 任務卡 10：重新開始按鈕

如下圖，我們希望有一個按鈕可以讓我們按下去之後，才開始遊戲。

另外，我們也希望他能夠幫助我們，在貪吃蛇吃到自己的身體之後遊戲結束之後，可以再按一個「重新開始」按鈕以讓我們開啟新的一局。

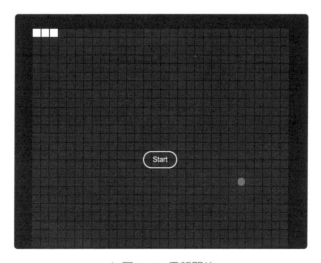

▲ 圖 5-17 重新開始

5.14.1 重新開始按鈕樣式

我們希望開始按鈕可以疊在地圖上，如下圖，有點像是多一個圖層蓋在地圖上面的感覺：

▲ 圖 5-18 重新開始按鈕的圖層

下面是我們的程式碼：

```
1  // src/components/MainMap.js
2  const GameOver = styled.div`
3    margin-bottom: 20px;
4    font-weight: 900;
5    font-size: 24px;
6    color: white;
7  `;
8
9  const StartButton = styled.button`
10   border: 2px solid #fff;
11   background: none;
12   color: #fff;
13   border-radius: 50px;
14   padding: 8px 20px;
15   font-size: 16px;
16   cursor: pointer;
17   &:hover {
18     color: #161616;
19     background: #FFF;
20     transition: all 0.2s ease-in-out;
21   }
22 `;
```

▲ 程 5-51

```
 1 // src/components/MainMap.js
 2 const MainMap = ({
 3   snake, food, isGameStart, gameOver, handleOnGameStart,
 4 }) => {
 5   const { head, bodyList } = snake;
 6   const squares = Array(GRID_SIZE).fill(0).map((_, index) => index);
 7   return (
 8     <Container>
 9       <GridContainer>
10         {
11           squares.map((row) => squares.map((column) => {
12             const isSnake = [head, ...bodyList].find((item) => item.x === column && item.y === row);
13             const isFood = food.x === column && food.y === row;
14             return (
15               <Square
16                 key={`${row}_${column}`}
17                 data-x={column}
18                 data-y={row} $isSnake={isSnake}
19                 $isFood={isFood}
20               >
21                 {isFood && <Food />}
22               </Square>
23             );
24           }))
25         }
26       </GridContainer>
27       {!isGameStart && (
28         <Mask>
29           {gameOver && <GameOver>Game Over</GameOver>}
30           <StartButton
31             type="button"
32             onClick={handleOnGameStart}
33           >
34             {gameOver ? 'Restart' : 'Start'}
35           </StartButton>
36         </Mask>
37       )}
38     </Container>
39   );
40 };
41
42 export default MainMap;
```

▲ 程 5-52

Mask 就是我們蓋在地圖上的圖層，這個圖層只有在「非遊戲進行中」的時間才會出現，非遊戲進行中有兩種狀況：

■ 第一次進到遊戲畫面，還沒按下開始遊戲的時候

■ 貪吃蛇吃到自己死掉的時候

所以這邊我們會需要有一些區別，如果是第一次遊戲，那我們按鈕的文字會是「Start」，若是已經死掉了，則顯示「Restart」，表示你要再玩一次。

接下來我們要把 Mask 當作一個圖層疊在地圖上，會需要 CSS 定位相關的觀念和語法。

我們這裡會用到 position 屬性的兩種值，absolute 和 relative。

absolute 元素的定位是在他所處上層容器的相對位置。那要相對於誰呢？我們要在他的上層定義可被定位的容器。

以這裡的例子來說，我們要把 Mask 設置為 position: absolute; 而 Container 則是定義為 position: absolute，讓 Mask 可以相對於 Container 做定位。那既然已經有相對的基準位置了，我們就可以結合 top 、bottom、left 、right 的屬性來偏移其元件的位置。以這邊為例，我們希望 Mask 跟地圖是一模一樣的大小，並且完全疊合在一起，元件的起始點是在左上角的位置，所以我們設置他靠上、靠左為 0px 的位置，就能夠把地圖和 Mask 疊起來了：

```js
1 // src/components/MainMap.js
2 const mapSize = css`
3   width: min(calc(100vw - ${PAGE_PADDING * 2}px), ${MAX_CONTENT_WIDTH - (PAGE_PADDING * 2)}px);
4   height: min(calc(100vw - ${PAGE_PADDING * 2}px), ${MAX_CONTENT_WIDTH - (PAGE_PADDING * 2)}px);
5 `;
6
7 const Container = styled.div`
8   position: relative;
9 `;
10
11 const Mask = styled.div`
12   ${mapSize}
13   position: absolute;
14   top: 0px;
15   left: 0px;
16   display: flex;
17   flex-direction: column;
18   align-items: center;
19   justify-content: center;
20 `;
```

▲ 程 5-53

5.14.2 重新開始按鈕事件處理

到這邊我們畫面的刻畫就已經完成了！

下一步我們要來處理點擊 Start/Restart 按鈕的事件處理。

我們想想看，點擊按鈕之後會發生什麼事呢？遊戲會重頭開始不是嗎？

所以換句話來說，就是我們也需要把關的參數回復到初始設定才行：

```
1 // src/components/MainMap.js
2 const handleOnGameStart = () => {
3   sctScore(0); // 重新計算分數
4   setSnake(defaultSnake); // 貪吃蛇回到初始狀態
5   setIsGameStart(true); // 設置為開始遊戲
6   if (gameOver) { // 若是因為吃到自己而 game over，則需要重新產生食物
7     setFood(createFood());
8   }
9 };
```

▲ 程 5-54

是不是很單純呢？我們只要讓點擊 Start/Restart 按鈕時能夠觸發這個函式
就可以了。

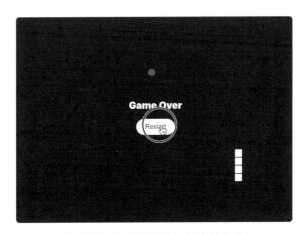

▲ 圖 5-19 重新開始按鈕事件處理

👤 作者來敲門

在這個任務當中我們學習到了一個很重要的定位技巧，就是 position 的 absolute 及 relative。

只要是兩個圖層以上疊加在一起呈現的時候，常常會用到這樣的方法。

當然 position 屬性還有許多用法和小細節，透過今天的練習讓大家小試身手之外，也建議大家多多研究這個常見的定位屬性喔！

5.15 任務卡 11：虛擬方向鍵及操作

一般我們玩貪吃蛇遊戲時的操作方式是透過按鍵式的上、下、左、右鍵來操作，但是在手機這樣的行動裝置上沒有鍵盤可以使用，所以不如我們就在螢幕上做一個吧！

5.15.1 虛擬方向鍵畫面樣式

為了讓方向鍵的箭頭能夠擺放整齊，我們用一個 2x3 的網格來規範這些箭頭的位置，下圖示意：

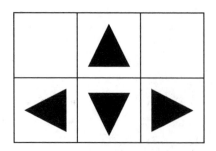

▲ 圖 5-20 虛擬方向鍵畫面樣式

既然講到網格，我們就不能忘記 CSS Grid 啦！

所以我們先宣告一個 Grid Container 之後，然後定義裡面的網格排列為 2x3：

```
1 // src/components/Actions/VirtualKeyboard.js
2 const GridContainer = styled.div`
3   display: inline-grid;
4   grid-template-rows: repeat(2, 1fr);
5   grid-template-columns: repeat(3, 1fr);
6   grid-gap: 4px;
7 `;
```

▲ 程 5-55

再來，因為 2x3 的網格當中，只有其中四格有放置箭頭，所以我們先把箭頭擺上去：

```
1 // src/components/Actions/VirtualKeyboard.js
2 const VirtualKeyboard = ({ handleChangeDirection }) => (
3   <GridContainer>
4     <ArrowButton direction={ARROW_UP} onClick={() => handleChangeDirection(ARROW_UP)} />
5     <ArrowButton direction={ARROW_LEFT} onClick={() => handleChangeDirection(ARROW_LEFT)} />
6     <ArrowButton direction={ARROW_DOWN} onClick={() => handleChangeDirection(ARROW_DOWN)} />
7     <ArrowButton direction={ARROW_RIGHT} onClick={() => handleChangeDirection(ARROW_RIGHT)} />
8   </GridContainer>
9 );
```

▲ 程 5-56

上面的 `<ArrowButton />` 是每一個箭頭按鈕的元件，透過同一個 props 傳入不同參數，我們想要決定箭頭不同的方向以及在網格中擺放的位置。

首先我們來看擺放的位置，Grid 允許我們可以指定內元件應該要擺在哪一個網格，在內元件當中使用 grid-row-start 以及 grid-column-start 即可。

以「上箭頭」為例，我們想要擺在第一個 row 以及第二個 column 的位置，那我們就可以這樣寫：

```
1 grid-column-start: 2;
2 grid-row-start: 1;
```

▲ 程 5-57

因此我們就可以逐一來指定每個方向鍵頭的網格位置啦！

CSS 樣式方面：

```
 1 // src/components/Actions/ArrowButton.js
 2 const BUTTON_SIZE = 60;
 3
 4 const StyledArrowButton = styled.button`
 5   all: unset;
 6   border-radius: 100%;
 7   width: ${BUTTON_SIZE}px;
 8   height: ${BUTTON_SIZE}px;
 9   cursor: pointer;
10   background: #FFF;
11
12   display: flex;
13   align-items: center;
14   justify-content: center;
15   &:hover {
16     background: yellow;
17   }
18   &:active {
19     background: yellow;
20     opacity: 0.9;
21   }
22   ${(props) => {
23     if (props.$direction === ARROW_UP) {
24       return `
25         grid-column-start: 2;
26         grid-row-start: 1;
27       `;
28     }
```

```
29      if (props.$direction === ARROW_LEFT) {
30        return `
31          grid-column-start: 1;
32          grid-row-start: 2;
33        `;
34      }
35      if (props.$direction === ARROW_DOWN) {
36        return `
37          grid-column-start: 2;
38          grid-row-start: 2;
39        `;
40      }
41      if (props.$direction === ARROW_RIGHT) {
42        return `
43          grid-column-start: 3;
44          grid-row-start: 2;
45        `;
46      }
47      return null;
48    }}
49  `;
```

▲ 程 5-58

```
1  // src/components/Actions/ArrowButton.js
2  const Arrow = styled.img`
3    width: ${BUTTON_SIZE * 0.5}px;
4    height: ${BUTTON_SIZE * 0.5}px;
5    ${(props) => {
6      if (props.$direction === ARROW_LEFT) {
7        return `
8        transform: rotate(-90deg);
9        `;
10     }
11     if (props.$direction === ARROW_RIGHT) {
12       return `
13       transform: rotate(90deg);
14       `;
15     }
16     if (props.$direction === ARROW_DOWN) {
17       return `
18       transform: rotate(180deg);
19       `;
20     }
21     return null;
22   }}
23 `;
```

▲ 程 5-59

HTML 結構方面：

```
1 // src/components/Actions/ArrowButton.js
2 const ArrowButton = ({ direction, onClick }) => (
3   <StyledArrowButton type="button" $direction={direction} onClick={onClick}>
4     <Arrow src={ArrowUpPath} alt="" $direction={direction} />
5   </StyledArrowButton>
6 );
```

▲ 程 5-60

然後我們的箭頭其實都是用同一張圖片來處理，所以在 Arrow 的 styled 當中，我們用 transform rotate 來選轉，讓他可以指向正確的方向。

最後我們再讓虛擬鍵盤置中，一樣是使用我們的老朋友 Flex：

```
1 // src/components/Actions/index.js
2 import React from 'react';
3 import styled from 'styled-components';
4 import VirtualKeyboard from './VirtualKeyboard';
5
6 const ActionsContainer = styled.div`
7   display: flex;
8   justify-content: center;
9   align-items: center;
10   flex-direction: column;
11 `;
12
13 const Actions = () => (
14   <ActionsContainer>
15     <VirtualKeyboard />
16   </ActionsContainer>
17 );
18
19 export default Actions;
```

▲ 程 5-61

到目前為止，我們就能夠做出虛擬鍵盤的外觀了：

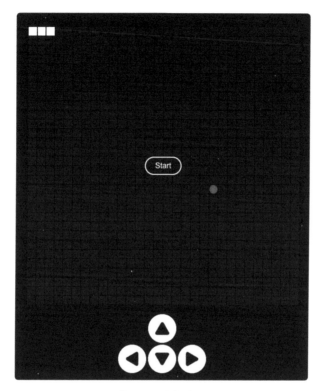

▲ 圖 5-21 虛擬方向鍵

5.15.2 虛擬方向鍵事件處理

當點擊這幾個按鈕的時候，我們希望跟在鍵盤上面按方向鍵有一模一樣的效果。

因此，在事件處理上面，我們就建議不要再另外刻一套邏輯了，直接把之前的變換方向 function 拿來用吧！

```
1 // src/SnakeGame.js
2 <Actions
3   handleChangeDirection={handleChangeDirection}
4 />
```

▲ 程 5-62

```
1 // src/components/Actions/index.js
2 const Actions = ({ handleChangeDirection }) => (
3   <ActionsContainer>
4     <VirtualKeyboard handleChangeDirection={handleChangeDirection} />
5   </ActionsContainer>
6 );
```

▲ 程 5-63

短短幾秒之間，結束這一回合。

▲ 圖 5-22 虛擬方向鍵的事件處理

作者來敲門

在這個任務當中我們完成了虛擬方向鍵。

我們學習到了 Grid 可以指定內元件在網格中的哪一個位置的方法。透過 grid-row-start 以及 grid-column-start 這兩個 CSS 語法，讓原本要勞師動眾才做得到的複雜排版變得非常簡單，是個非常好用的方法喔！

另外，在處理虛擬方向按鈕點擊事件時，我們瞬間就解決了，這歸功於我們能夠重複使用之前設計過的函式。避免重複造輪子真的可以得到非常多的好處，在編寫程式碼的速度可以加快以外，我們也能夠減少錯誤的產生。想想看，如果我們一樣的事件邏輯寫兩套，是不是很有可能兩套寫得不一樣呢？這樣造成後續的維護會非常吃力，所以既然行為是一樣的，那我們就不用客氣，直接資源重複使用吧！

5.16 任務卡 12：暫停遊戲

在完貪吃蛇遊戲的時候，如果今天玩到很高分，但卻突然很想上廁所，相信這個體驗是非常令人難受。

如果這時候能夠暫停遊戲，上完廁所，吃完點心之後再繼續從剛剛的進度開始完，是不是非常不錯呢？

為了讓遊戲可以判斷是否現在是暫停的狀態，還是繼續遊戲的狀態，我們要用一個布林值的參數，我命名為 isPause ，當 isPause 為 true 的時候，遊戲暫停，反之，遊戲繼續。

5.16.1 暫停按鈕畫面樣式

暫停按鈕其實就是一顆簡單的按鈕而已啦！

我們給他一點圓角的外型，然後左右延伸到最寬：

```js
1  // src/components/Actions/PauseButton.js
2  const StyledButton = styled.button`
3    border: 2px solid #fff;
4    background: none;
5    color: #fff;
6    border-radius: 50px;
7    padding: 8px 20px;
8    font-size: 16px;
9    cursor: pointer;
10   width: 100%;
11   margin-top: 20px;
12   &:hover {
13     color: #161616;
14     background: #FFF;
15     transition: all 0.2s ease-in-out;
16   }
17 `;
18
19 const PauseButton = ({ isPause, onClick }) => (
20   <StyledButton onClick={onClick}>
21     {isPause ? '繼續' : '暫停'}
22   </StyledButton>
23 );
```

▲ 程 5-64

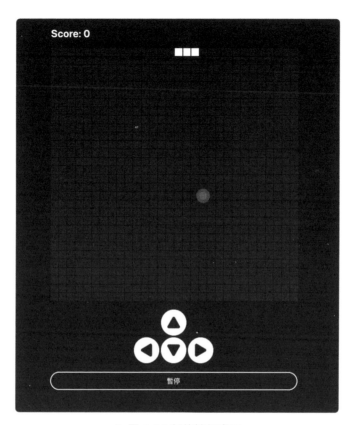

▲ 圖 5-23 暫停按鈕畫面

5.16.2 暫停按鈕事件處理

我們在資料結構設計時有設計一個 state，藉由 boolean 來控制是否暫停：

```
1 // src/SnakeGame.js
2 const [isPause, setIsPause] = useState(false);
```

▲ 程 5-65

所以當按下暫停按鈕時，我們就會需要來改變這個狀態：

```javascript
// src/SnakeGame.js
const handleTogglePause = () => {
  if (isGameStart) {
    setIsPause((prev) => !prev);
  }
};
```

▲ 程 5-66

這個狀態只有在遊戲執行當中才能夠被改變，畢竟若遊戲不是正在進行中，我們改變是否暫停的狀態也沒有意義，反而也會造成開始遊戲之後的 bug。

另外暫停的狀態只有兩種，所以我們讓他在這兩個狀態當中轉換。

接著，我們就要用這個 state 來控制貪吃蛇的行為了。

在先前有一個行為也是會讓貪吃蛇停止移動，不知道大家還記不記得呢？沒錯，就是貪吃蛇吃到自己身體而 game over 的時候。

所以在同樣的地方，也就是我們處理貪吃蛇移動的 useEffect 當中，我們加入 isPause 這個條件，來決定要不要更新貪吃蛇的位置，同時也別忘了在 useEffect 的 comparison array 當中加入 isPause，這樣 isPause 改變的時候，才會再重新執行 useEffect：

```
 1  useEffect(() => {
 2    gameIntervalId = setInterval(() => {
 3      if (!isGameStart || isPause) { // 若遊戲結束或暫停，則停止動作
 4        return;
 5      }
 6      setSnake((prevSnake) => {
 7        /* 省略 */
 8      });
 9    }, snake.speed);
10    return () => {
11      clearInterval(gameIntervalId);
12    };
13  }, [snake.speed, isGameStart, isPause]); // 加入監聽 isPause 的狀態改變
```

▲ 程 5-67

當然，我們也希望在按下鍵盤的空白鍵時，能夠暫停遊戲，不然若用電腦
玩遊戲，一下要按鍵盤的上下左右，一下要轉換成滑鼠，這樣會很不方便：

```
 1  // src/constants.js
 2  export const SPACE = 'Space';
 3  // src/SnakeGame.js
 4  const handleKeydown = useCallback((event) => {
 5    const { code } = event;
 6    if (code === SPACE) {
 7      handleTogglePause();
 8      return;
 9    }
10    handleChangeDirection(code);
11  }, [snake]);
```

▲ 程 5-68

到這裡為止，我們貪吃蛇遊戲就已經大功告成了！

作者來敲門

在這個任務當中，雖然我們沒有用到特別艱深的技術，但是我們複習了一些前面常用的用法，例如如何使用 useEffect 以及 setInterval() 來控制貪吃蛇的狀態，以及鍵盤事件。

希望大家透過這些練習能夠對這些用法更加熟悉。

5.17 貪吃蛇篇總結

5.17.1 回顧

在這個篇章當中我們真的做了許多重要的練習。

- 任務卡 01：
  - 我們準備了開發前常用的工具、套件。

- 任務卡 02：畫面佈局切版
  - 我們將畫面的元件獨立切開，讓開發時能夠專注在每一個單獨的元件上，互相不被干擾。

- 任務卡 03：設計資料結構
  - 我們練習以資料為出發點來思考，遊戲當中各種狀態該如何用資料來表達。

- 任務卡 04：地圖
  - 我們練習使用 Grid 來做棋盤式的排版，製作 30x30 的貪吃蛇地圖。

- 任務卡 05：讓貪吃蛇的頭可以在地圖上移動
  - 透過資料的比對，並利用 styled-components 能夠傳入 props 藉此為條件來改變樣式，讓貪吃蛇的頭能夠出現在地圖上。
  - 透過 useEffect 搭配 setInterval()，我們不斷的更新資料的狀態，讓貪吃蛇的頭能夠移動。
  - 練習使用 addEventListener/removeEventListener 來監聽鍵盤 keydown 事件，藉此讓使用者能夠透過鍵盤來操作貪吃蛇改變方向。

- 任務卡 06：加入貪吃蛇的身體
  - 透過更新貪吃蛇的身體，我們練習利用 immutable 的方式來操作陣列，與瞭解 React 渲染執行之前，對 state 做 shallow comparison 的觀念。

- 任務卡 07：產生貪吃蛇的食物
  - 我們練習使用了 CSS animation 來做動畫，搭配 styled-components 的 keyframes，讓貪吃蛇的食物變得很炫。

- 任務卡 08：貪吃蛇吃到食物會變長
  - 再次複習 React 的生命週期，因為前面資料結構設計得好，所以在這個任務中改變狀態變得很簡單。

- 任務卡 09：貪吃蛇吃到自己會死
  - 練習使用 find() 函式來判斷是否蛇的身體跟頭部重疊，在操作陣列搜尋上是很常用的方法。

- 任務卡 10：重新開始按鈕
  - 我們練習了很重要的元件定位、圖層的觀念，練習使用 CSS position 的 relative/absolute 來實現不同圖層疊加的效果。

- 任務卡 11：虛擬方向鍵及操作
  - 我們學習到使用 Grid 當中的 grid-row-start 以及 grid-column-start 這兩個 CSS 語法，讓我們可以指定 Grid 內元件在網格當中擺放的位置。簡化原本會很複雜的切版。

- 任務卡 12：暫停遊戲
  - 再次對 useEffect 及 setInterval() 的操作複習，加深對前面學到的觀念。

這個篇章真的內容非常豐富，也很有特色，希望大家能夠透過練習這個篇章來熟悉我們常用的 React 觀念以及手法。並且，我們也從頭走過一次專案從零開始的腳步，包含構想整個專案，他的需求是什麼，該如何拆解這個一開始看到可能會不知所措的任務，最後我們真的把他實現出來的時候，想想先前看到這個專案時那種陌生感，會覺得做完的那一刻真的很有成就感，從不會到會，就是一個進步的具體展現！

5.17.2 天馬行空

又到了我們可以天馬行空亂開規格的單元了！每次到了這個單元就特別的興奮！讓我們來看看可以發想出什麼樣的功能來 (搞搞讀者) 讓作品更有魅力吧！

❑ 登入機制與計分排行榜

同樣的，我們也可以把圈圈叉叉篇的天馬行空中提到的登入功能抄過來，一樣有計分功能、玩家排行榜，還有使用者大頭照的上傳。

❑ 誰說只能有一條蛇？

沒錯，如標題所說，我們也可以考慮在地圖上多增加一隻電腦控制的敵人蛇，所以貪吃蛇除了吃到自己會死之外，被敵人咬到，或撞到敵人，也會死。這樣的話,簡單的貪吃蛇突然難度就會增加了!而且如果敵人蛇吃到食物也會變長,會跟你搶食物,哇!那你的敵人就會越來越厲害!

❏ 複雜的地圖設計

貪吃蛇玩久了,不覺得空曠的地圖有點太簡單了嗎?所以我們也能夠製造更有複雜度的地圖,例如在地圖上增加一些障礙物,這樣也能夠增加遊戲的難度。甚至我們也能夠讓其他玩家編輯地圖,並把地圖透過 API 存在後端的資料庫,這樣我們也能夠玩到別人設計的地圖,同時也再次的練習到 API 的串接。

❏ 誰說貪吃蛇只能變長?

一般的貪吃蛇吃到食物會變長,但在自然界當中,誰說吃進去的東西一定都有益身體健康?哪個人從小到大沒有拉過肚子呢?是的,我們也能夠製造一些讓貪吃蛇吃了會拉肚子的食物,讓他吃下去之後會變短,這樣遊戲的計分標準也能夠改變,可能計分的方式跟身體長度有關、也跟貪吃蛇存活時間有關,那這樣遊戲的趣味性也能夠增加!

❏ 串接社交媒體

玩家在遊戲結束之後能夠分享自己的遊戲成績或是遊戲畫面到社交媒體上,這也是很常見的功能,特別如果在社交媒體上面,看到人家玩的貪吃蛇變得很長,就會有一股想要挑戰他的衝動!或許透過這樣的方式,也能夠增加你的專案的曝光度喔!

5.18 貪吃蛇篇完整程式碼

https://github.com/TimingJL/Snake

▲ 圖 5-24 貪吃蛇遊戲原始碼

https://timingjl.github.io/Snake/

▲ 圖 5-25 貪吃蛇遊戲 Demo

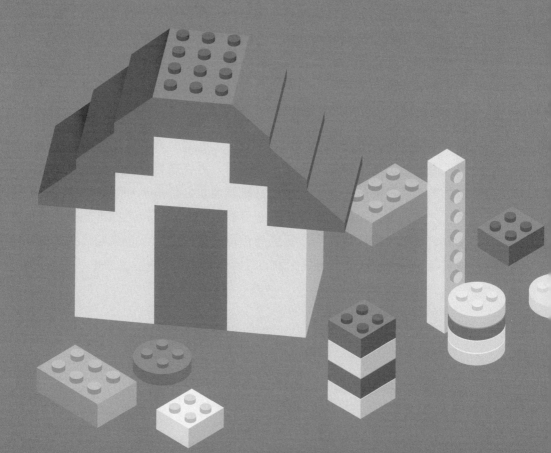

CHAPTER

6

記憶方塊篇

6.1 專案介紹

6.1.1 遊戲簡介

這個遊戲也是很經典的童年回憶，相信大家在童年的時候都有玩過類似的遊戲 (至少我抽樣問過身邊幾位朋友小時候有玩過，哈哈)。跟記憶相關的益智遊戲而且也是方塊狀的，在網路上可以找到各式各樣的版本，翻牌配對類型的記憶遊戲也蠻多的。

記憶類型的遊戲仔細想想其實還蠻不錯的，老少咸宜，而且因為遊戲簡單，內容也不太會有打打殺殺，操作上也不用很複雜，所以很可以拿來討好小朋友，以及幫助他們身心及智力的成長。另一方面，過年回家的時候，也可以和父母爺奶長輩們一起交流，看看他們記憶力如何，增加親子關係也有個關心彼此健康的話題。如果爺爺奶奶記憶力驚人的好，也可以誇獎他們，他們一定會很高興，就不用每次過年見面就是要談一些逼婚逼生小孩逼找工作的話題，如果有這個遊戲的話，說不定有機會成功轉移話題，把話題放在彼此的健康上面，感覺也是很不錯的 (... 吧？)。

簡單說明一下記憶方塊 (Memory Blocks) 這個遊戲的玩法。遊戲開始時，畫面有四個方塊，電腦會播放一組題目，看完題目之後，玩家要根據所播放的題目回答。假設題目播放的方格顏色是紅紅黃，那玩家也要回答紅紅黃，才是過關，否則就是答錯。題目播放的方式可以透過不同顏色方格的閃爍來呈現。所以玩家可以透過顏色以及畫面上的位置來記憶播放的順序並答題，關卡越後面，所要記憶的題目長度越長，難度也越高。

6.1.2 學習重點

- 畫面佈局與切版
  - 在遊戲當中，畫面佈局和切版是絕對少不了的。記憶方塊是一個方塊矩陣，我們要練習使用 CSS Grid 和 CSS Flex 來完成這個遊戲每個元件的佈局。

- 時間函式的應用
  - 在本篇章中，特別大量的使用到時間函式的應用，在「技能大補帖」當中能夠學習相關的用法。記憶方塊中會有題目的播放，答對和答錯的時候會有對應的動畫或播放效果，這些複雜的流程都需要運用時間函式來處理。

- 關卡複雜度設計
  - 為了增加遊戲的趣味性，本篇會有關卡的設計。資料該怎麼儲存？如何設計這種一關過一關的機制？這需要利用到狀態的儲存和熟練 React 的生命週期。也是本篇的重點之一。

- 方塊動畫閃爍
  - 既然是遊戲設計，那就絕對少不了一些特別的效果或動畫，本篇也會在次練習一下使用 styled-components 的 keyframes 來作一些簡單但效果十足的動畫。

▌6.2 規格書

6.2.1 關於畫面與功能

我們來說明一下遊戲當中畫面上有哪些元件，並且他們有什麼樣的功能：

- 方塊
  - 方塊是這個遊戲的本體，遊戲的難意度從簡單到難分別有 2x2, 3x3, 4x4, 5x5 的方塊排列。
  - 在這些方塊上面我們會增加一些動畫特效，讓整體看起來很炫。
- 開始遊戲按鈕
  - 透過開始遊戲按鈕，我們建立一個玩遊戲的儀式感，也藉此傳達「開始進行遊戲」的資訊給玩家。
  - 透過這個按鈕，不論是剛開始遊戲，或是重新開始遊戲，能夠將遊戲各個參數設置到初始狀態。

- 關卡資訊
  - 在資訊看板上，我們要顯示目前遊戲進行到第幾關。有了這個資訊，玩家們可以彼此比較，看誰能夠破的關卡比較多，增加遊戲趣味。

- 關卡進度條
  - 每一個關卡的題目長度不同，假設這一關需要點擊 3 個方塊，進度條就會告訴玩家總共需要點擊幾個方塊，你目前還剩下幾個方塊需要點擊。這個資訊也提供玩家在記憶過程中的一個提示。

- 機會 / 命
  - 關卡犯錯會有次數限制，也就是有幾條 "命"，錯一題扣一命，答對一題增加一命，重播一次也需要扣一命，命扣完之後需要重新開始遊戲。

6.2.2 遊戲流程

我用下圖的流程圖來説明整個遊戲大致上的流程。

首先，我們按下開始遊戲按鈕之後，就會開始播放第一關的題目。播放完畢之後，玩家可以開始作答。

當我們答錯了，就會播放答錯的特效，告訴使用者答錯了，並且減一命，之後，便會重新再播放一次，讓使用者複習並且再次作答。

當使用者全部都答對了，我們會以答對特效來告訴使用者，並且獎勵是加一命，並進入下一關。

隨著關卡越來越後面，題目也會越來越難，例如增加題目的長度，以及增加方塊的數目等等。

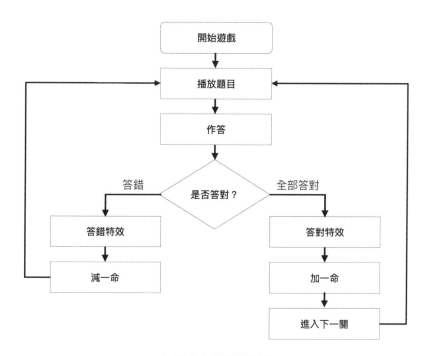

▲ 圖 6-1 遊戲流程圖

6.3 設計圖說明

6.3.1 桌面版展示

下圖是本篇預計要實作的畫面，包含我們的「遊戲名稱」、「關卡資訊」、「遊戲方格」、「開始按鈕」、「關卡進度條」以及「還剩下幾命」。

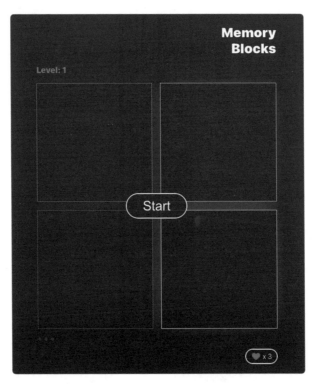

▲ 圖 6-2 記憶方塊遊戲展示圖

當我們不斷過關斬將，我們的題目也會變得越來越難，除了方格的數量會變多以外，需要記憶的題目也會變長。

當然，為了因應更困難的題目，我們每過一關，命也會增加，讓我們在困難的關卡有更多的嘗試機會。

▲ 圖 6-3 記憶方塊中困難的關卡

6.3.2 手機版展示

最後，我們畫面的佈局在不同寬度的視窗上也能夠達到自適應的效果，就算是在手機上進行，也不會破版。下圖是以 iPhone 12 Pro 裝置為例，長寬比例為 390 x 844：

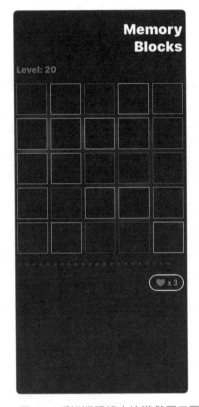

▲ 圖 6-4 手機版記憶方塊遊戲展示圖

6.4 任務拆解

6.4.1 任務拆解描述

☐ 任務卡 01：準備開發環境

我們要用 create-react-app 開啟一個新專案，並且把我們需要用到的工具準備好，例如 eslint、styled-components 等等。

❑ 任務卡 02：畫面佈局切版

畫面由上而下分別為「遊戲名稱」、「關卡資訊」、「遊戲方格」、「開始按鈕」、「關卡進度條」以及「還剩下幾命」。

我們要把這些區塊切好分成 components，讓我們在開發時能夠專注在單一個功能上，也能避免不小心動到別的元件。

❑ 任務卡 03：設計資料結構

在遊戲過程當中，我們會經歷許多的狀態，例如目前關卡、本關的題目，使用者回答的答案、遊戲是否已經開始、目前還剩下幾命等等，這些不同的狀態我們會需要用一些參數和資料的結構來儲存。資料結構設計得好，我們要處理的邏輯也會變得簡單。

❑ 任務卡 04：記憶方塊

遊戲中最重要的就是這些能夠與玩家互動的記憶方塊。在這個任務當中我們要畫出這些方塊，讓它能夠適應性的縮放，也能夠讓我們點擊。

❑ 任務卡 05：是否過關的判斷

我們要判斷玩家的回答是不是正確的，若正確，則要進到下一關，若錯誤，則重新來過。

❑ 任務卡 06：關卡資訊及關卡進度條

我們要透過關卡資訊和關卡進度條，來讓玩家知道目前過到第幾關。

❑ 任務卡 07：題目播放

我們需要在玩家答題之前，播放目前的題目，玩家才能夠知道題目來記憶並且作答。

❏ 任務卡 08：製作過關和不過關的效果

在玩家過關和失敗的時候，需要給一些視覺效果，提示玩家目前遊戲的狀態，也增加遊戲的趣味性。

❏ 任務卡 09：顯示目前還有幾命

在玩遊戲的時候總是會有失敗的時候，所以我們需要給玩家重試的機會，在這個任務當中我們要顯示這個資訊給玩家，讓玩家知道還有多少機會可以嘗試。

6.4.2 任務拆解總結

- 任務卡 01：準備開發環境
- 任務卡 02：畫面佈局切版
- 任務卡 03：設計資料結構
- 任務卡 04：記憶方塊
- 任務卡 05：是否過關的判斷
- 任務卡 06：關卡資訊及關卡進度條
- 任務卡 07：題目播放
- 任務卡 08：製作過關和不過關的效果
- 任務卡 09：顯示目前還有幾命

跟前面兩個篇章一樣，任務卡 01 ~ 03 是我們準備這個專案的基礎建設。因為這三個任務卡的相依性，無法分頭同時進行，只能一步一步按照順序完成。但由於這類的工作我們會越做越拿手，所以雖然分成三個任務卡，方便任務的管理，但事實上如果熟練的話，並不會花費開發者太多時間。

任務卡 04 ~ 09 是實作我們本篇記憶方塊遊戲的本體，包含畫面上不同的元件，例如方塊的本體、關卡資訊、播放進度條以及顯示目前還有幾命。

> 🐧 **小天使來補充**
> ·········
>
> 在拆解任務的過程當中，有時候會因為任務本身的緣故，或是各種狀況，無法將每個任務切得那麼乾淨、獨立，這確實是相當令人苦惱的問題呀！
>
> 事實上我們這幾個篇章都是比較小型的專案，硬要拿來多人分工確實有點勉強。不過在接觸比較大型、複雜的專案，需要多人分工的時候，如果情境適合的話，或許我們也可以考慮大家先分工把各個元件的畫面刻好，最後再來做邏輯上的整合，或許這樣的方法可以解決一些任務無法切割乾淨的問題喔！

6.5 任務卡 01：準備開發環境

在這個任務當中，我們必須要完成下面這三件事情：

- 使用 create-react-app 創建一個專案
- 安裝 ESLint
- 安裝 styled-components

在本書「1.2 準備開發環境」這個章節中，已經詳細的說明如何安裝相關的環境，我們只要照著這個篇章的步驟逐一準備這個專案的環境就可以了。

6.5.1 使用 create-react-app 創建一個專案

本篇的遊戲是「記憶方塊」，英文是「Memory Blocks」，因此我們用 create-react-app 來創建一個專案：

```
$ npx create-react-app memory-blocks
```

等程式執行完畢之後，就能看到 memory-blocks 資料夾在剛剛下指令的目
錄下。進到這個資料夾裡面就能夠透過 npm 指令將專案啟動了：

```
$ cd memory-blocks
$ npm start
```

6.5.2　安裝 ESLint

在「1.2.2 ESLint」章節當中，已經詳細介紹了 ESLint 以及其安裝方式。因
此，按照先前介紹的部分，我們來把 ESLint 安裝並設定完成。

在專案的目錄下，我們執行初始化設定的指令：

```
$ eslint --init
```

按照指令的指示一步一步完成設定及安裝。

如果有自己慣用的規則，也請自行加入 rule 裡面，例如：

```
"rules": {
    "semi": ["error", "always"],
    "indent": ["error", 2],
}
```

6.5.3　安裝 styled-components

在「1.2.3 styled-components」章節當中，已經對 styled-components 做
過介紹。只要按照先前說明的方式將 styled-components 安裝起來即可。

在專案目錄下，透過下面的指令，可以輕鬆立即安裝 styled-components：

```
$ npm install --save styled-components
```

本書專案建議安裝版本為 v5 以上，在專案的 package.json 當中可以看到所安裝的版本。

6.6 任務卡 02：畫面佈局切版

6.6.1 畫面佈局草稿

下圖的線稿是根據設計圖的畫面切割出來的區塊，分別有

- 背景
- 置中容器，置中容器包含了
  - 遊戲標題
  - 關卡資訊
  - 記憶方塊
  - 關卡進度條
  - 機會 / 命

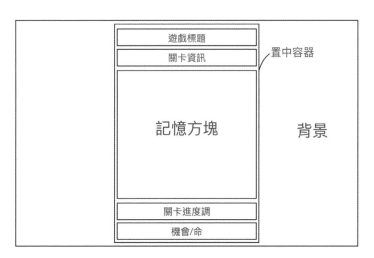

▲ 圖 6-5 畫面佈局切版

6.6.2 畫面佈局樹狀圖

如果我們以樹狀圖來表示上述的結構的話，就是如下這樣：

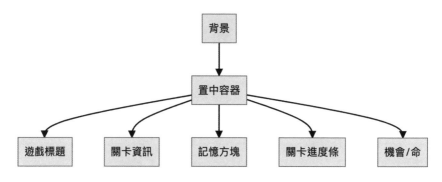

▲ 圖 6-6　畫面佈局樹狀圖

在這個任務卡中，我們要把每個區塊劃分好，讓後續開發的環境能夠乾淨、獨立，不會彼此干擾。

按照上圖的結構，我們將 DOM tree 的結構勾勒出來：

```jsx
// src/MemoryBlocks.js
const MemoryBlocks = () => (
  <div className="background">
    <div className="container">
      <div className="title">遊戲標題</div>
      <div className="level">關卡資訊</div>
      <div className="blocks">記憶方塊</div>
      <div className="progress">關卡進度條</div>
      <div className="chance">機會/命</div>
    </div>
  </div>
);

export default MemoryBlocks;
```

▲ 程 6-1

根據上面的結構，我們來新增一些檔案，讓每個元件都由一個獨立的檔案來管理。

並且我們透過 styled-components 來處理背景及置中容器的樣式，我們用 Flexbox 來處理。Background 是外容器，我們在上面宣告 display: flex; 並且透過 justify-content: center; 來讓置中容器能夠放置於背景水平方向的中間。

```js
1  // src/MemoryBlocks.js
2  import React from 'react';
3  import styled from 'styled-components';
4
5  import Title from './components/Title';
6  import Level from './components/Level';
7  import Blocks from './components/Blocks';
8  import Progress from './components/Progress';
9  import Chance from './components/Chance';
10
11 import {
12   MAX_CONTENT_WIDTH, PAGE_PADDING
13 } from './constants';
14
15 const Background = styled.div`
16   background: #000;
17   display: flex;
18   justify-content: center;
19   overflow: auto;
20   min-height: 100vh;
21   color: white;
22 `;
23
24 const Container = styled.div`
25   width: 100%;
26   height: auto;
27   max-width: ${MAX_CONTENT_WIDTH - (PAGE_PADDING * 2)}px;
28   padding: ${PAGE_PADDING}px;
29   padding-top: 40px;
30   @media (max-width: 576px) {
31     padding-top: 20px;
32   }
33   & > *:not(:first-child) {
34     margin-top: 20px;
```

```
35  }
36 `;
37
38 const MemoryBlocks = () => {
39   return (
40     <Background>
41       <Container>
42         <Title />
43         <Level />
44         <Blocks />
45         <Progress />
46         <Chance />
47       </Container>
48     </Background>
49   );
50 };
51
52 export default MemoryBlocks;
```

▲ 程 6-2

對應到的資料夾結構就會如同下面這樣，在 src 資料夾下我們新增一個
components 資料夾，用來放我們遊戲當中切割出來的各個元件：

```
src
|____ components
      |____ Blocks.js
      |____ Chance.js
      |____ Level.js
      |____ Progress.js
      |____ Title.js
|____ MemoryBlocks.js
|____ index.js
|____ index.css
|____ App.js
|____ reportWebVitals.js
|____ setupTests.js
```

▌6.7 任務卡 03：設計資料結構

在遊戲過程當中，我們會經歷許多的狀態，例如目前關卡、本關的題目，使用者回答的答案、遊戲是否已經開始、目前還剩下幾命等等，這些不同的狀態我們會需要用一些參數和資料的結構來儲存。

我們來看看這個遊戲需要哪些資訊和狀態：

- 目前關卡
  - 我們的遊戲是一關一關，不斷過關斬將，越來越難，所以需要有一個參數來幫我們紀錄關卡，我們用 level。
  - 跟關卡有關的我們都可以用 level 來做推導，例如關卡越難，畫面上的記憶方塊愈多，記憶方塊的數目就能夠用 level 來推算。
  - 除了記憶方塊愈多，每一關的題目長度也是由 level 來推算。

- 題目
  - 我們每一關都會有一組題目，題目越長，就越難全部記住。我們用一個陣列 question 來紀錄。
  - 我們的關卡進度條也是用來表示題目的長度，所以關卡紀錄條事實上就是這個 question 陣列的長度。

- 玩家的答案
  - 玩家的答案其實是跟題目互相對應的，我們用一個陣列 answer 來紀錄。
  - 關卡進度條上，我們目前回答多少是正確的，也是用 answer 來表示。

- 是否開始遊戲
  - 我們希望玩家按下「開始遊戲」之後，遊戲題目才開始播放，因此我們需要一個 boolean 來作為遊戲是否開始的開關。

- 命 / 機會
  - 遊戲在嘗試錯誤有次數的限制，我們需要有一個參數來限制重試次數，我們用 chance 這個參數來紀錄這個數字。

- 載入中狀態
  - 遊戲進行中會有一些期間是我們希望禁止玩家操作畫面，例如遊戲的效果正在播放的時候，所以我們希望設計一個 boolean 作為開關來控制，我們命名為 isLoading。

整合上述這些描述，我們準備的參數會如下：

```
1  // src/MemoryBlocks.js
2  const MemoryBlocks = () => {
3    const [level, setLevel] = useState(DEFAULT_LEVEL);
4    const [question, setQuestion] = useState(generateQuestion(DEFAULT_LEVEL, blocksNumSet[0]));
5    const [answer, setAnswer] = useState(DEFAULT_ANSWER);
6    const [isGameStart, setIsGameStart] = useState(false);
7    const [chance, setChance] = useState(DEFAULT_CHANCE);
8    const [isLoading, setIsLoading] = useState(false);
9
10   return (
11     <Background>
12       <Container>
13         <Title />
14         <Level />
15         <Blocks />
16         <Progress />
17         <Chance />
18       </Container>
19     </Background>
20   );
21 };
22
23 export default MemoryBlocks;
```

▲ 程 6-3

接下來，我們來說明一下每個參數的預設值。

6.7.1 目前關卡

首先我們來看「目前關卡」，因為關卡一定是從第 1 關開始往上累加，所以我們給的預設值為 1：

```
1 const DEFAULT_LEVEL = 1;
2 const [level, setLevel] = useState(DEFAULT_LEVEL);
```

▲ 程 6-4

6.7.2 產生題目

產生遊戲的題目我們用一個陣列來表示：

```
1 const [question, setQuestion] = useState(generateQuestion(DEFAULT_LEVEL, blocksNumSet[0]));
```

▲ 程 6-5

這裡我們用到一個名為 generateQuestion(level, blockNum) 的函式來產生。

因為關卡越後面，題目的長度越長，所以我們第一個參數需要傳入 level。

再來，我們出題總是需要有一個範圍，例如一開始比較簡單的關卡只有 4 個記憶方塊，編號分別為 0, 1, 2, 3，那我們題目就只能是這幾個數字，如果題目出現了 5 ，那我們永遠也無法輸入 5，因此需要把目前有多少格子當作第二個參數傳入。

第二個參數我們用的是 `blocksNumSet[0]`，而 blockNumSet 這個參數的
內容是：

```
1 const blocksNumSet = [4, 9, 16, 25];
```

▲ 程 6-6

因為我們的記憶方格設計上會上 n x n 個格子，而 n 為 2 ~ 5，所以 n x n
代入 2 ~ 5 就會是 4, 9, 16, 25。

產生題目的方式是隨機的，以 level 和 blockNum 作為產生的因子，我們設
計的函式如下：

```
1 const getRandomInt = (max) => {
2   return Math.floor(Math.random() * max);
3 };
4
5 const generateQuestion = (level, blockNum) => {
6   const num = level + 2;
7   const question = new Array(num).fill(0).map(() => getRandomInt(blockNum));
8   return question;
9 };
```

▲ 程 6-7

意思是說，以第一關為例，level 為 1 時，需要記憶的記憶方格數量為 3，
也就是 `num = level + 2`。接著我們產生長度為 3 的隨機三個整數，整數
範圍被 blockNum 限制住，為 0 ~ 3。

6.7.3　玩家答案

玩家的答案初始值為長度 0 的空陣列：

```
1 const DEFAULT_ANSWER = [];
2 const [answer, setAnswer] = useState(DEFAULT_ANSWER);
```

▲ 程 6-8

6.7.4　是否開始遊戲

是否開始遊戲只有兩種值，開始與未開始，因此我們用一個 boolean 來控制，初始值是 false，表示未開始：

```
1 const [isGameStart, setIsGameStart] = useState(false);
```

▲ 程 6-9

6.7.5　機會 / 命

紀錄目前還有多少次能夠嘗試的機會，他勢必是一個整數值，初始值我們給他 3，表示嘗試 3 次錯誤之後，你就 game over 了：

```
1 const DEFAULT_CHANCE = 3;
2 const [chance, setChance] = useState(DEFAULT_CHANCE);
```

▲ 程 6-10

6.7.6 載入中狀態

載入中狀態也是只有兩種狀態，所以我們也用 boolean 來控制：

```
1 const [isLoading, setIsLoading] = useState(false);
```

▲ 程 6-11

📖 作者來敲門

用以上這些資料參數，我們就能夠表達完這個遊戲的所有狀況了，剩下的，
就是這些參數應該要被怎麼樣的邏輯來運算，還有什麼時機點應該要被改變
狀態。

6.8 任務卡 04：記憶方塊

在這個任務卡當中，我們要畫出遊戲的主體，記憶方塊。

6.8.1 畫出方塊

我們先來處理畫面的部分，畫面上我們有許多事情需要做：

- 方塊的佈局需要能夠隨著視窗大小來做縮放。
- 我們要根據目前的關卡等級來決定畫面上方塊的數量。
- 美化記憶方塊

我們來複習一下，方塊數量跟目前過到第幾關有關係，每過四關會跳下一
級，所以在先前資料結構設計時，我們計算場面上有多少方塊的方式如下：

```
1 // src/MemoryBlocks.js
2 const blocksNumSet = [4, 9, 16, 25];
3 const levelGap = 4;
4
5 const blockNumSetIndex = Math.min(Math.floor(level / levelGap), 3);
6 const blockNum = blocksNumSet[blockNumSetIndex];
```

▲ 程 6-12

接著，我們要用 Grid 來畫出這個方塊，所以我們要準備好外容器與內元件的結構，外容器是 `<GridContainer />`，內元件是 `<Block />`，並且我們給每一個內元件方塊一個專屬的 blockId，用來標示每一個方塊：

```
1 // src/components/Blocks.js
2 const Blocks = ({ blockNum }) => {
3   const blocks = new Array(blockNum).fill(0).map((_, index) => index);
4   const sideNum = Math.sqrt(blockNum);
5   return (
6     <Container>
7       <GridContainer
8         $sideNum={sideNum}
9       >
10         {
11           blocks.map((blockId) => {
12             return (
13               <Block
14                 key={blockId}
15                 blockId={blockId}
16               />
17             );
18           })
19         }
20       </GridContainer>
21     </Container>
22   );
23 };
24
25 export default Blocks;
```

▲ 程 6-13

再來我們來看 Grid 的 CSS 佈局：

```
1  // src/components/Blocks.js
2  const Container = styled.div`
3    position: relative;
4  `;
5
6  const GridContainer = styled.div`
7    ${blockSize}
8    display: grid;
9    grid-template-columns: repeat(${props => props.$sideNum}, 1fr);
10   grid-template-rows: repeat(${props => props.$sideNum}, 1fr);
11   gap: 20px;
12   grid-gap: ${props => 40 / props.$sideNum}px;
13  `;
```

▲ 程 6-14

首先我們必須要把外容器宣告為 display: grid;

因為是 n x n 的方形排列，邊長等於方塊數量開根號：

```
1  const sideNum = Math.sqrt(blockNum);
```

▲ 程 6-15

然後我們希望方格大小能夠隨著視窗大小來調整，因此我們也用到了 vw 這個單位來做運算，並且限制了最大的寬度與高度：

```
1 // src/components/Blocks.js
2 import { PAGE_PADDING, MAX_CONTENT_WIDTH } from '../constants';
3
4 const blockSize = css`
5   width: calc(100vw - ${PAGE_PADDING * 2}px);
6   height: calc(100vw - ${PAGE_PADDING * 2}px);
7   max-width: ${MAX_CONTENT_WIDTH - (PAGE_PADDING * 2)}px;
8   max-height: ${MAX_CONTENT_WIDTH - (PAGE_PADDING * 2)}px;
9 `;
```

▲ 程 6-16

接下來，我們要實作 <Block /> 元件，也就是每一個方塊元件，每一個方塊將會有不同的顏色，畫面上最多我們允許 25 個方塊，所以我們仔細來挑選 25 個喜歡的顏色吧：

```
1 // src/constants.js
2 export const BLOCK_COLORS = [
3   '#ff5353', '#ffc429', '#5980c1', '#fbe9b7', '#ff9f1c',
4   '#b2ff59', '#69f0ae', '#ffff00', '#b2dfdb', '#ff6e40',
5   '#00e5ff', '#e0e0e0', '#f06292', '#ba68c8', '#8c9eff',
6   '#8bc34a', '#e91e63', '#ffe2d1', '#ffdf64', '#00c853',
7   '#dcabdf', '#78ffd6', '#c8553d', '#3185fc', '#ffffff'
8 ];
```

▲ 程 6-17

接下來我們給每一個 `<Block />` 元件上一點樣式：

```javascript
1 // src/components/Block.js
2 import { BLOCK_COLORS } from '../constants';
3
4 const StyledBlock = styled.div`
5   border: 1px solid ${props => props.$color};
6   box-shadow: 0px 0px 50px 5px ${props => props.$color + '80'};
7   cursor: pointer;
8   transition: 0.5s;
9   &:hover {
10     background: ${props => props.$color + '4d'};
11   }
12   &:active {
13     animation: none;
14     background-color: ${props => props.$color};
15     box-shadow: 0px 0px 50px 7px ${props => props.$color};
16     transition: 0s;
17   }
18 `;
19
20 const Block = ({ blockId }) => {
21   return (
22     <StyledBlock
23       $color={BLOCK_COLORS[blockId]}
24     />
25   );
26 };
```

▲ 程 6-18

這邊的樣式包含方塊的顏色，我們透過 blockId 對應到 BLOCK_COLORS 中的不同顏色，並且在 hover 及 active 狀態也在同一個色系下給他不同的反饋效果。

到目前為止，我們就能夠做出這樣的效果了：

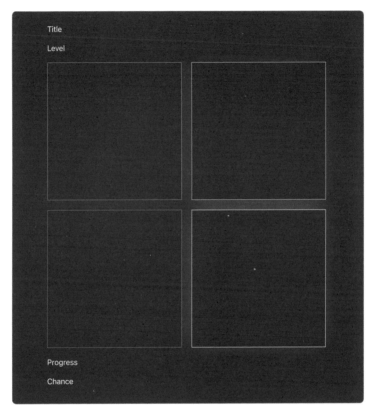

▲ 圖 6-7 給每一個方塊不同顏色和光暈

我們可以試著手動改動 level，就能夠驗證是否真的在 level 越高時，能夠呈現更多方塊在畫面上：

```
1 // src/MemoryBlocks.js
2 const DEFAULT_LEVEL = 20;
3 const [level, setLevel] = useState(DEFAULT_LEVEL);
```

▲ 程 6-19

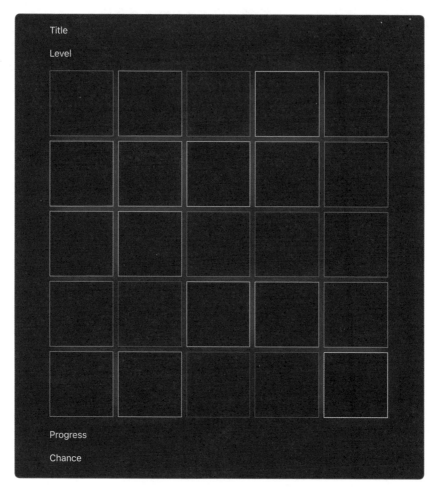

▲ 圖 6-8 level 越高時能夠呈現更多方塊

最後，在樣式上面我們要來做一些特效，主要是希望方塊上面的這些光暈能夠有一些不規則的律動，看起來像是有在「呼吸」的感覺，增加一點迷幻感。

我們一樣用到的是 styled-components 的 keyframes：

```
1 const breathShadow = keyframes`
2    0% {
3        box-shadow: none;
4    }
5    100% {
6        box-shadow: 0px 0px 50px 5px ${props => props.$color + '80'};
7    }
8 `;
```

▲ 程 6-20

上面這段動畫的意思就是說，我們要讓 box-shadow 能夠在「無」跟「有」之間做一些消長的變化。

```
1 const StyledBlock = styled.div`
2    box-shadow: 0px 0px 50px 5px ${props => props.$color + '80'};
3    animation: ${breathShadow} 1.5s infinite alternate-reverse;
4    animation-delay: ${() => -2 * Math.random()}s;
5    /* 省略 */
6 `;
```

▲ 程 6-21

animation 當中我們用 infinite 讓動畫無限循環，並且使用 alternate-reverse 讓動畫播放方向能夠來回播放，所以光暈看起來就會有一種若隱若現的感覺。

animation-delay 這邊控制動畫的延遲時間，我們讓每一個方塊有不同的延遲時間，這樣才能製造光暈閃爍的參差不齊的感覺。

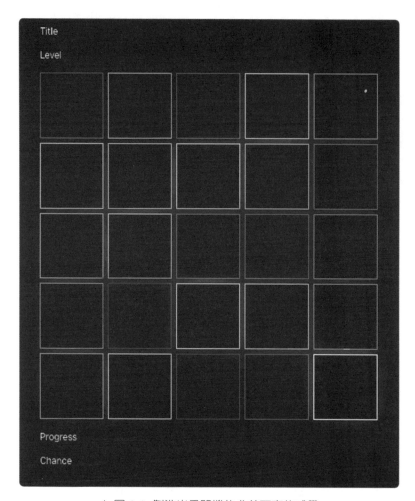

▲ 圖 6-9 製造光暈閃爍的參差不齊的感覺

6.8.2 點擊事件

搞定畫面之後，我們需要來紀錄點擊方塊之後的資訊，這個資訊會用來跟
電腦出的題目來做比對，看看我們是否回答正確。

因為我們每一個方塊都有其唯一的編號，因此點到哪一個方塊，我們就把
編號記錄下來：

```js
1 // src/MemoryBlocks.js
2 const DEFAULT_ANSWER = [];
3 const [answer, setAnswer] = useState(DEFAULT_ANSWER);
4
5 const handleClickBlock = useCallback((blockId) => {
6   setAnswer((prev) => ([
7     ...prev,
8     blockId,
9   ]));
10 }, []);
```

▲ 程 6-22

準備好 handleClickBlock 函式之後，我們要讓點擊方塊的時候，能夠觸發
事件，因此我們要把 handleClickBlock 當作 props 一層一層往下傳，讓
Block 能夠在點擊事件中觸發：

```js
1 const Block = ({ blockId, handleClickBlock }) => {
2   return (
3     <StyledBlock
4       $color={BLOCK_COLORS[blockId]}
5       onClick={() => {
6         handleClickBlock(blockId);
7       }}
8     />
9   );
10 };
```

▲ 程 6-23

點擊完之後，我們就能夠拿到一個陣列的數字，意思就是我們點擊方塊的
序列啦：

```
1 [1, 3, 2, 1, 0] // answer
```

▲ 程 6-24

👤 作者來敲門

今天我把畫面上最重要的部分搞定了，透過 Grid 我們把這些方塊排列成 n x n 的形狀，並且我們也練習了 styled-components 的 keyframes，讓我們的方塊多了幾分神秘感。

畫面處理完之後，我們也讓點擊的時候，能夠儲存方塊編號的序列，這個就是玩家的回答，在下一個任務當中，這個資訊非常重要，因為他是我們是否過關的判斷依據。

▍6.9 任務卡 05：是否過關的判斷

先前的資料結構設計中，我們已經能夠產生題目：

```
1 // src/MemoryBlocks.js
2 const DEFAULT_LEVEL = 1;
3 const blocksNumSet = [4, 9, 16, 25];
4
5 const getRandomInt = (max) => {
6   return Math.floor(Math.random() * max);
7 };
8
9 const generateQuestion = (level, blockNum) => {
10   const num = level + 2;
11   const question = new Array(num).fill(0).map(() => getRandomInt(blockNum));
12   return question;
13 };
14
15 const [question, setQuestion] = useState(generateQuestion(DEFAULT_LEVEL, blocksNumSet[0]));
```

▲ 程 6-25

並且我們也已經能夠透過點擊方塊來得到玩家的回答。

所以在這個單元當中，我們就能夠比對題目與答案，來進行是否過關的判斷了。

那我們比對的規則，原則上就是「錯一個就全錯，全對才是過關」，所以在這個過程當中，我們只會有三種狀態：

狀態	描述
correct	目前為止都答對，但還沒全部答對，此時就是繼續作答。
inCorrect	只要發現有任何一個錯誤，就是失敗重來。
allCorrect	以上面兩者為前提，如果最後一個答案是對的，那就是全對，能夠進入下一關。

```javascript
// src/MemoryBlocks.js
const answerVerify = (answer, question) => {
  let status = 'correct';
  answer.forEach((answerItem, index) => {
    if (answerItem !== question[index]) {
      status = 'inCorrect';
    }
    if (answerItem === question[index] && (question.length -1) === index) {
      status = 'allCorrect';
    }
  });
  return status;
};
```

▲ 程 6-26

因此，有了上面三種狀態，我們就能夠進行對應的動作。我們這邊也要用到 useEffect 這個 hook，然後監聽 status 的變化：

```
1 useEffect(() => {
2   if (status === 'inCorrect') {
3     const updatedChance = chance - 1;
4     setAnswer([]);
5     setChance(Math.max(0, updatedChance));
6     return;
7   }
8   if (status === 'allCorrect') {
9     setAnswer([]);
10    setChance((prev) => prev + 1);
11    setLevel(prev => prev + 1);
12  }
13 }, [status]);
```

▲ 程 6-27

當 status 改變時，我們來看看他是哪一種狀態，如果是 correct ，那就什麼事都沒發生，繼續作答。如果是 inCorrect，那就要扣一命，並且重設answer，讓玩家重新作答。

當 status 為 allCorrect 時，表示全對，此時我們要進入下一關，因此 level要加一，然後給一個獎勵，命要加一，然後下一關開始前要重設 answer。

當我們過關後，level + 1 了，因我們的題目也要更新：

```
1 useEffect(() => {
2   const newQuestion = generateQuestion(level, blockNum);
3   setQuestion(newQuestion);
4 }, [level]);
```

▲ 程 6-28

👨‍💻 **作者來敲門**

- -

在這個任務當中,我們利用 question 以及 answer 的逐一比對,來做是否過關的判斷。

並且,我們需要瞭解 React 的生命週期以及 useEffect 的內容被執行的時機。

不過雖然我們已經做了過關的判斷,但是以畫面的呈現上,我們還看不太出來,所以下一個任務當中,我們要讓這些關卡資訊能夠成現在畫面上。

6.10 任務卡 06:關卡資訊及關卡進度條

在這個任務當中我們要補齊畫面上的資訊:

- 遊戲標題
- 關卡資訊
- 關卡進度條

6.10.1 遊戲標題

首先我們來看遊戲標題，遊戲標題在這邊是裝飾的作用，所以不會有任何的狀態：

```
1 // src/components/Title.js
2 import React from 'react';
3 import styled from 'styled-components';
4
5 const Container = styled.div`
6   white-space: pre-line;
7   text-align: right;
8   font-size: 32px;
9   font-weight: 900;
10 `;
11
12 const Title = () => {
13   return (
14     <Container>
15       {`Memory\nBlocks`}
16     </Container>
17   );
18 };
19
20 export default Title;
```

▲ 程 6-29

特別要留意的是，我們需要透過 white-space: pre-line; 這個 CSS 來讓內文能夠吃到換行符號 `\n`。

6.10.2 關卡資訊

關卡資訊當中，我們要顯示目前過到第幾關，所以唯一需要用到的 state 是 level 這個參數，所以把他當作 props 傳入之後，做一些樣式上的調整就可以：

```
1  // src/MemoryBlocks.js
2
3  <Level level={level} />
4  // src/components/Level.js
5  import React from 'react';
6  import styled from 'styled-components';
7
8  const Container = styled.div`
9    white-space: pre-line;
10   font-size: 20px;
11   font-weight: 900;
12   color: #ff5353;
13 `;
14
15 const Level = ({ level }) => {
16   return (
17     <Container>{`Level: ${level}`}</Container>
18   );
19 };
20
21 export default Level;
```

▲ 程 6-30

6.10.3 關卡進度條

關卡進度條的組成有兩個部分的資訊，一個是題目的長度，一個是目前答對的數量。假設這一關總共長度是 3 ，然後我們目前答對 2 個，那我們就要顯示三個點，其中兩個是亮的，一個是暗的，依此類推。

```
1 // src/MemoryBlocks.js
2 <Progress
3   answer={answer}
4   question={question}
5 />
```

▲ 程 6-31

從 `<Progress />` 的 props 來看，因為我們需要題目長度以及答案兩種資訊，所以 answer 和 question 這兩個陣列就成為他的 props 傳入。

我們宣告一個變數名叫 answerNum ，意思是目前答對的長度，原本應該是 answer.length 就可以了，但是因為我們希望玩家答錯的時候，進度條不要變長，而是歸零，所以我們在上面加上一點判斷。所以上面的邏輯的意思就是，如果到目前為止都答對，就顯示答案的長度，但如果一旦答錯，就馬上顯示 0。

接下來就是調整一下進度條的樣式，我們用 `$isActive` 來控制進度調目前是亮到哪裡，答對一個就要亮一個點點，答對兩個就要亮兩個點點，所以我們用 `progressIndes < answerNum` 來作為是否亮起的判斷：

```
1  // src/components/Progress.js
2  import React from 'react';
3  import styled, { css } from 'styled-components';
4
5  const ProgressContainer = styled.div`
6    display: flex;
7    & > *:not(:first-child) {
8      margin-left: 8px;
9    }
10 `;
11
12 const activeNote = css`
13   opacity: 1;
14   box-shadow: white 0px 0px 15px 2px;
15 `;
16
17 const ProgressNode = styled.div`
18   width: 8px;
19   height: 8px;
20   background-color: white;
21   border-radius: 100%;
22   opacity: 0.3;
23   ${props => props.$isActive && activeNote}
24 `;
25
26 const Progress = ({
27   answer, question
28 }) => {
29   const answerNum= question.toString().indexOf(answer.toString()) > -1
30     ? answer.length
31     : 0;
32   return (
33     <ProgressContainer>
34       {
35         (question.map((_, index) => index)).map((progressIndex) => (
36           <ProgressNode key={progressIndex} $isActive={progressIndex < answerNum} />
37         ))
38       }
39     </ProgressContainer>
40   );
41 };
42
43 export default Progress;
```

▲ 程 6-32

下圖是我們展示的成果：

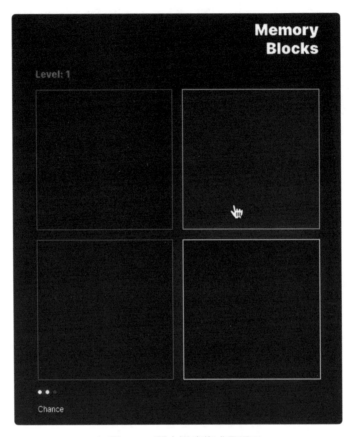

▲ 圖 6-10 關卡進度條成果展示

👤 作者來敲門

到目前為止，我們能夠顯示目前的關卡數，過關了，關卡數也會增加。

另外，隨著我們的作答，進度條也會給予玩家提示目前答題的狀況。今天的
任務當中，我們主要練習的是 props 的傳遞，以及樣式的刻畫，大家也能夠
試著改變一些 CSS，調整成自己喜歡的樣式。

▌6.11 任務卡 07：題目播放

我們能夠產生題目，也能夠判斷關卡是否過關。但首先，在玩家作答之前，會需要告訴他題目。

告訴他題目的方式，就是我們需要把題目播放一次給玩家看，也就是按照題目的 blockId 序列來循序亮燈。

那我們播放題目有幾個時機：

- 按下開始遊戲按鈕之後，第一關的題目播放。
- 每次過關之後，要播放新的題目。
- 當玩家答錯的時候，在讓玩家重新嘗試之前，需要再播放一次題目。

6.11.1 開始遊戲按鈕

在製作開始遊戲按鈕時，我們希望能夠在記憶方塊圖層之上再蓋一層圖層，目的是因為希望開始遊戲前，記憶方塊不要被點擊到，好像有一個面具或遮罩的東西保護住他一樣，如下圖：

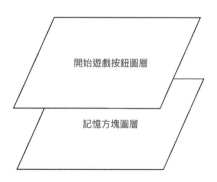

▲ 圖 6-11 開始遊戲按鈕圖層

然後在能夠讓使用者進行操作時，我們再讓上面的圖層消失。

所以如果遊戲還沒開始，或是在播放題目的載入狀態，我們就要出現遮罩。同時，若遮罩出現，目前是遊戲開始但是在載入中，我們就不要出現開始遊戲的按鈕：

```js
1  // src/components/Blocks.js
2  const Blocks = ({ isGameStart, isLoading, blockNum, handleClickBlock,
   handleOnGameStart }) => {
3    const blocks = new Array(blockNum).fill(0).map((_, index) => index);
4    const sideNum = Math.sqrt(blockNum);
5    return (
6      <Container>
7        <GridContainer
8          $sideNum={sideNum}
9        >
10         {
11           blocks.map((blockId) => {
12             return (
13               <Block
14                 key={blockId}
15                 blockId={blockId}
16                 handleClickBlock={handleClickBlock}
17               />
18             );
19           })
20         }
21       </GridContainer>
22       {(!isGameStart || isLoading) && (
23         <Mask>
24           {!isLoading &&
25             <StartButton type="button" onClick={handleOnGameStart}>
26               Start
27             </StartButton>
28           }
29         </Mask>
30       )}
31     </Container>
32   );
33 };
34
35 export default Blocks;
```

▲ 程 6-33

在樣式的部分，我們讓遮罩 `<Mask />` 相對於 Container 來做定位，並且他的大小跟記憶方塊能夠點擊區域的大小是一樣的：

```
1 // src/components/Blocks.js
2 const blockSize = css`
3   width: calc(100vw - ${PAGE_PADDING * 2}px);
4   height: calc(100vw - ${PAGE_PADDING * 2}px);
5   max-width: ${MAX_CONTENT_WIDTH - (PAGE_PADDING * 2)}px;
6   max-height: ${MAX_CONTENT_WIDTH - (PAGE_PADDING * 2)}px;
7 `;
8
9 const Mask = styled.div`
10   ${blockSize}
11   position: absolute;
12   top: 0px;
13   left: 0px;
14   display: flex;
15   flex-direction: column;
16   align-items: center;
17   justify-content: center;
18 `;
```

▲ 程 6-34

按鈕的樣式我們統一給一個藥丸形狀的樣式：

```
1 // src/components/Blocks.js
2 const StartButton = styled.button`
3   border: 2px solid #fff;
4   background: #0000009d;
5   color: #fff;
6   border-radius: 50px;
7   padding: 8px 20px;
8   width: 150px;
9   height: 60px;
10   font-size: 32px;
11   cursor: pointer;
12   transition: all 0.2s ease-in-out;
13   &:hover {
14     color: #161616;
15     background: #FFF;
16     transition: all 0.2s ease-in-out;
17   }
18 `;
```

▲ 程 6-35

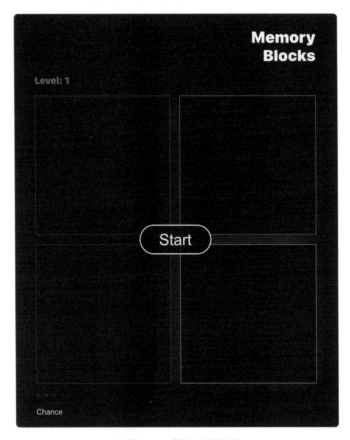

▲ 圖 6-12 開始遊戲按鈕

當遊戲開始按鈕 Start 被點擊的時候，我們就要改變 isGameStart 的狀態：

```
1 // src/MemoryBlocks.js
2 const handleOnGameStart = () => {
3   setIsGameStart(true);
4 };
```

▲ 程 6-36

```
1 // src/MemoryBlocks.js
2 <Blocks
3   isGameStart={isGameStart}
4   isLoading={isLoading}
5   blockNum={blockNum}
6   handleClickBlock={handleClickBlock}
7   handleOnGameStart={handleOnGameStart}
8 />
```

▲ 程 6-37

6.11.2 開始遊戲之後播放題目

我們要來處理開始遊戲之後的第一次播放題目，那這邊我們能夠做的就是
透過 useEffect 監聽 isGameStart 參數的改變：

```
1 // src/MemoryBlocks.js
2 useEffect(() => {
3   if (isGameStart) {
4     setIsLoading(true);
5     setTimeout(() => {
6       playFlashBlock(question);
7     }, 1000);
8   }
9 }, [question, isGameStart]);
```

▲ 程 6-38

這裡可以發現，除了 isGameStart 之外，我們同時也監聽了 question，意
思就是，當題目改變時 (也就是進到下一關)，也需要再播放題目。

在這個 useEffect 裡面，我們有幾個可以特別留意的重點，就是這裡利用了 setIsLoading 將 isLoading 這個 state 設為 true，表示说，我們在題目播放期間不想要讓玩家做任何的操作。那什麼時候解開呢？等等我們會在題目播放完之後將 setIsLoading 設為 false。

再來我們使用了 setTimeout 讓播放題目有一點點的延遲。這麼做是因為，我們希望從按下開始遊戲之後到播放題目之間，可以有一個間格時間，整個遊戲的體驗會比較舒服。想想看，我們按下播放題目之後，瞬間一秒都不等的馬上就播放題目，是不是會有點讓人嚇到措手不及的感覺呢？當然我們過關之後，在進入下一關之前也會播放題目，同樣的如果過關之後瞬間一秒都不停地就馬上播放題目，整個遊戲的體驗也會變得不好，會很沒有喘息的空間。所以這邊才因為這樣特別設計了延遲一秒來播放題目。

最後我們來看 playFlashBlock() ，這是我們希望設計的一個函式，當我們傳入一個 blockId 序列，他可以依序播放出來：

```javascript
// src/MemoryBlocks.js
const playFlashBlock = (blockIds) => {
  blockIds.forEach((blockId, index) => {
    if (!isGameStart) {
      return;
    }
    setTimeout(() => {
      flashBlock({ blockId });
      if (index === blockIds.length - 1) {
        setIsLoading(false);
      }
    }, 700 * index);
  });
};
```

▲ 程 6-39

在這裡我們可以看到，在題目播放結束的時候，我們要解除 loading 狀態，
讓玩家能夠開始操作，題目播放結束的條件就是播放到最後一個 blockId 的
時候：

```
1 if (index === blockIds.length - 1) {
2   setIsLoading(false);
3 }
```

▲ 程 6-40

然後我們使用 setTimeout 來把 blockId 播放的時間分別開來，使用的方法
是根據 blockId 在序列當中的 index，index 在越後面，所需要延遲播放的
時間越久。

```
1 setTimeout(() => {
2   /* 省略 */
3 }, 700 * index);
```

▲ 程 6-41

接下來就是我們主要想做的事情，就是播放題目，這裡設計了一個函式
flashBlock()，傳入一個 blockId 就會讓指定的 block 閃一下。

但除了 blockId 之外，我們也設計了幾個參數的傳入，讓我們能夠控制不同
的狀態。

例如，我們接下來會做「答對」和「答錯」的播放效果提示，答對是正常顏色的 block，答錯時我們需要讓 block 都亮紅色，所以這裡我們設計 isError 這個參數的傳入，藉此來控制這件事。

最後，我們也設計了一個 eclipseTime 來控制閃爍 block 的持續時間：

```js
// src/MemoryBlocks.js
const flashBlock = ({ blockId, isError = false, eclipseTime = 300 }) => {
  const targetBlock = document.getElementById(`block-${blockId}`);
  targetBlock.classList.add(isError ? inCorrectStyleClassName : correctStyleClassName);
  setTimeout(() => {
    targetBlock.classList.remove(isError ? inCorrectStyleClassName : correctStyleClassName);
  }, eclipseTime);
};
```

▲ 程 6-42

這裡的方法是透過 getElementById 直接抓到 blockId，讓對應的方塊能夠改變樣式。所以我們也必須要定義擁有不同樣式的 class name：

```js
// src/constants.js
export const correctStyleClassName = 'block__all-correct-style';
export const inCorrectStyleClassName = 'block__incorrect-style';
```

▲ 程 6-43

而在 block 上，我們也需要定義這兩個 class name 的樣式：

```js
1 // src/components/Block.js
2 const StyledBlock = styled.div`
3   /* 省略 */
4   & > * {
5     height: 100%;
6   }
7   .block__all-correct-style {
8     transition: 0.5s;
9     background: ${props => props.$color};
10  }
11  .block__incorrect-style {
12    transition: 0.5s;
13    background: #ff5353;
14  }
15 `;
```

▲ 程 6-44

```js
1 // src/components/Block.js
2 const Block = ({ blockId, handleClickBlock }) => {
3   return (
4     <StyledBlock
5       $color={BLOCK_COLORS[blockId]}
6       onClick={() => {
7         handleClickBlock(blockId);
8       }}
9     >
10      <div id={`block-${blockId}`} />
11    </StyledBlock>
12  );
13 };
```

▲ 程 6-45

6.11.3 每次過關之後，要播放新的題目

過關之後要播放更新題目的流程如下：

- 過關時，level 加一。
- 根據更新後的 level 產生新的題目
- 播放最新的題目

這三個步驟需要確保逐一進行，如果同時進行的話，有可能會出錯。例如 level 還沒更新就產生了題目，或者題目還沒更新，就播放題目等等。

過關時，level 加一，這個在是否過關的任務當中我們有做過：

```javascript
1 // src/MemoryBlocks.js
2 useEffect(() => {
3   if (status === 'inCorrect') {
4     const updatedChance = chance - 1;
5     setAnswer([]);
6     setChance(Math.max(0, updatedChance));
7     return;
8   }
9   if (status === 'allCorrect') {
10     setAnswer([]);
11     setChance((prev) => prev + 1);
12     setLevel(prev => prev + 1); // 過關時，level 加一
13   }
14 }, [status]);
```

▲ 程 6-46

接著，在確定 level 改變之後，我們要產生新的題目：

```
1 // src/MemoryBlocks.js
2 useEffect(() => {
3   const newQuestion = generateQuestion(level, blockNum);
4   setQuestion(newQuestion);
5 }, [level]);
```

▲ 程 6-47

最後，在播放題目的 useEffect，我們需要監聽題目是否被更新：

```
1 // src/MemoryBlocks.js
2 useEffect(() => {
3   if (isGameStart) {
4     setIsLoading(true);
5     setTimeout(() => {
6       playFlashBlock(question);
7     }, 1000);
8   }
9 }, [question, isGameStart]);
```

▲ 程 6-48

6.11.4 當玩家答錯的時候，重新播放題目

我們在判斷玩家是否過關的地方，能夠知道玩家是否答錯，所以只要答錯，我們就再次播放題目：

```
1 // src/MemoryBlocks.js
2 useEffect(() => {
3   if (status === 'inCorrect') {
4     const updatedChance = chance - 1; // 現在還剩下幾命
5     setAnswer([]);
6     setChance(Math.max(0, updatedChance));
7     if (updatedChance > -1) { // 如果還有命
8       setIsLoading(true);
9       setTimeout(() => {
10        playFlashBlock(question); // 播放題目
11      }, 2000);
12    }
13    if (updatedChance < 0) {
14      // 沒有命了，遊戲結束 game over
15      resetDefaultState(); // 回到初始狀態
16    }
17    return;
18  }
19  if (status === 'allCorrect') {
20    setAnswer([]);
21    setChance((prev) => prev + 1);
22    setLevel(prev => prev + 1);
23  }
24 }, [status]);
```

▲ 程 6-49

若已經沒命了，回到初始狀態，讓玩家能夠重新開始挑戰：

```
1 // src/MemoryBlocks.js
2 const resetDefaultState = () => {
3   setLevel(DEFAULT_LEVEL);
4   setQuestion(generateQuestion(DEFAULT_LEVEL, blocksNumSet[0]));
5   setAnswer(DEFAULT_ANSWER);
6   setChance(DEFAULT_CHANCE);
7   setIsLoading(false);
8   setIsGameStart(false);
9 };
```

▲ 程 6-50

作者來敲門

這個任務我們完成了整個遊戲最複雜的部分，我們大量的練習 useEffect 來監聽狀態和做出對應的行為，例如播放題目。

在這個任務當中，每一個環節執行的順序很重要，要讓這些部分按照期待的順序進行，會需要特別小心，並且將每個步驟想清楚。

6.12 任務卡 08：製作過關和不過關的效果

這個任務要來製作過關和不過關的效果。希望透過這個效果能夠對玩家在過關和不過關有更明顯的提示。

我們希望能夠用既有的方塊來實作這些效果。目前我們播放題目是一個一個方塊循序播放。

但我們希望「過關的效果」是全部的方塊都同時亮一下，有一種普天同慶的感覺。而「不過關的效果」也是全部的方塊同時亮一下，但我們希望亮的是紅燈。

6.12.1 過關效果

首先我們要先設計一個 playEffect() 的函式來播放效果，因為效果會隨著過關和不過關這兩種狀態而有所區別，所以我們把 status 傳入來區別過關和不過關。

因為我們的 blockId 是按照順序的，所以由目前畫面上有多少個方塊，就能夠推算出所有的 blockId。因此下面程式碼就能夠算出 allBlockIds 這個陣列了。

最後我們共用了之前在播放關卡題目的 flashBlock() 函式，用他來幫助我們讓方塊亮起。

這裡用一個 forEach 迴圈，在彼此不延遲的狀況下播放每一個方塊，讓畫面上有同時亮起來的感覺。

```
// src/MemoryBlocks.js
const playEffect = (status) => {
  setIsLoading(true);
  const allBlockIds = new Array(blockNum).fill(0).map((_, index) => index);
  if (status === 'allCorrect') {
    allBlockIds.forEach((blockId) => {
      flashBlock({ blockId, eclipseTime: 500 });
    });
  }
  if (status === 'inCorrect') {
    allBlockIds.forEach((blockId) => {
      flashBlock({ blockId, isError: true, eclipseTime: 500 });
    });
  }
};
```

▲ 程 6-51

下個步驟，就是我們要決定在哪裡播放這個效果。

時機點就是在過關之後，但是要特別留意，過關之後，有可能畫面上的方塊會增加，所以要小心不要拿到增加前的方塊數量來播放。

```
// src/MemoryBlocks.js
useEffect(() => {
  if (isGameStart) {
    setIsLoading(true);
    setTimeout(() => {
      playEffect('allCorrect'); // 播放過關效果
    }, 500);
    setTimeout(() => {
      playFlashBlock(question);
    }, 1500);
  }
}, [question, isGameStart]);
```

▲ 程 6-52

```
1  // src/MemoryBlocks.js
2  useEffect(() => {
3    if (status === 'inCorrect') {
4      const updatedChance = chance - 1;
5      setAnswer([]);
6      setChance(Math.max(0, updatedChance));
7      if (updatedChance > -1) {
8        setIsLoading(true);
9        setTimeout(() => {
10         playEffect('inCorrect'); // 播放不過關效果
11       }, 500);
12       setTimeout(() => {
13         playFlashBlock(question);
14       }, 2000);
15     }
16     if (updatedChance < 0) {
17       // game over
18       resetDefaultState();
19     }
20     return;
21   }
22   if (status === 'allCorrect') {
23     setAnswer([]);
24     setChance((prev) => prev + 1);
25     setLevel(prev => prev + 1);
26   }
27 }, [status]);
```

▲ 程 6-53

6.12.2 不過關效果

當我們答錯的時候，需要播放不過關的效果，之後再接續重複播放題目。

👤 作者來敲門

到目前為止，我們整個流程就已經很完整了。

- 當玩家按下開始按鈕，播放過關效果，之後播放題目。

- 當玩家答錯，播放不過關效果，之後重複播放題目。
- 當玩家過關，播放過關效果，之後播放新的題目。

在這個任務當中，我們重複使用之前已經寫好的函式 flashBlock()，這樣可以幫助我們省下不少時間。

▌6.13 任務卡 09：顯示目前還有幾命

在設計資料結構的時候，我們用一個 state 來紀錄目前還有幾命：

```
1 // src/MemoryBlocks.js
2 const DEFAULT_CHANCE = 3;
3 const [chance, setChance] = useState(DEFAULT_CHANCE);
```

▲ 程 6-54

然後每當過關的時候，我們會加一命當作獎勵，答錯的時候，會扣一命，一直到沒有命的時候遊戲結束，從頭開始。

接著我們要來顯示這個資訊在畫面上。

首先我們要先把 chance 這個 state 當作 props 傳入 `<Chance />` 這個元件：

```
1 // src/MemoryBlocks.js
2 <Chance chance={chance} />
```

▲ 程 6-55

再來我們對這個元件做一些美化：

```
1 // src/components/Chance.js
2 import React from 'react';
3 import styled from 'styled-components';
4 import heartImg from '../assets/heart.png';
5
6 const Container = styled.div`
7   display: flex;
8   justify-content: flex-end;
9 `;
10
11 const ChanceWrapper = styled.div`
12   display: inline-flex;
13   align-items: center;
14   border-radius: 50px;
15   padding: 4px 12px;
16   border: 2px solid #fff;
17 `;
18
19 const Image = styled.img`
20   width: 24px;
21   height: 24px;
22   margin-right: 4px;
23 `;
24
25 const Chance = ({ chance }) => {
26   return (
27     <Container>
28       <ChanceWrapper>
29         <Image src={heartImg} alt="heart" />
30         {`x ${chance}`}
31       </ChanceWrapper>
32     </Container>
33   );
34 };
35
36 export default Chance;
```

▲ 程 6-56

這裡有用到一個 heartImg，這個圖片讀者可以自行選用自己喜歡的圖片。

然後我希望這個資訊能夠靠右，因此我透過一個 Flex container 來幫助我做
對齊：

```
1 const Container = styled.div`
2   display: flex;
3   justify-content: flex-end;
4 `;
```

▲ 程 6-57

最後效果如下：

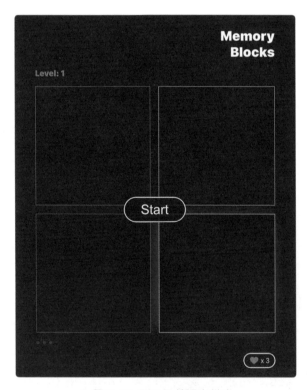

▲ 圖 6-13 顯示目前還有幾命

> **作者來敲門**
>
> --
>
> 在這個任務當中，我們會發現，其實我們只是做很單純的顯示而已，至於其
> 他的部分，例如過關要加一命，錯誤時要扣一命，然後沒有命的時候要重新
> 開始遊戲等等這些邏輯，我們在之前就都已經處理完了，因此後面的任務會
> 變得簡單。

6.14 記憶方塊篇總結

6.14.1 回顧

在這個篇章當中我們做了許多重要的練習。

- 任務卡 01：
  - 我們準備了開發前常用的工具、套件。

- 任務卡 02：畫面佈局切版
  - 我們將畫面的元件獨立切開，讓開發時能夠專注在每一個單獨的元件
    上，互相不被干擾。

- 任務卡 03：設計資料結構
  - 我們練習以資料為出發點來思考，遊戲當中各種狀態該如何用資料來表
    達。

- 任務卡 04：記憶方塊
  - 我們再次使用 Grid 來做 n x n 的排版。
  - 並且我們也練習了 styled-components 的 keyframes，讓我們的方塊有
    一些光暈閃爍的動畫。

- 我們也為玩家的達題作準備，玩家點了哪些方塊，我們把他的 blockId 記錄下來。

- **任務卡 05：是否過關的判斷**
  - 我們利用 question 以及 answer 兩個陣列的逐一比對，來做是否過關的判斷。

- **任務卡 06：關卡資訊及關卡進度條**
  - 這個任務顯示了關卡資訊，做一些樣式上的調整。
  - 在關卡進度條上，我們也進行陣列的比對，根據目前答對幾題，我們要顯示幾個進度的亮燈。我們利用了 styled-components 的 props 傳遞來達到這樣的效果。

- **任務卡 07：題目播放**
  - 在這個任務當中，我們對整個遊戲流程要非常的瞭解。我們需要在正確的時機播放題目。
  - 為了在正確的時機播放題目，我們同時也要對 React 的生命週期有一定程度的掌握。
  - 在這個任務當中我們們也實作了方塊的亮燈效果，這個效果能夠用在播放題目，也能夠讓我們在製作過關和不過關動畫時能夠重複利用。

- **任務卡 08：製作過關和不過關的效果**
  - 這個任務當中我們重複使用之前已經寫好的函式 flashBlock()，並且在過關與不過關兩個時間點播放不同的動畫效果。

- **任務卡 09：顯示目前還有幾命**
  - 在先前的任務當中，我們處理了過關要加一命，錯誤時要扣一命，沒有命時要重新開始遊戲等等邏輯，因此在這個任務當中我們將結果顯示出來即可。

在這個篇章中，較為複雜的是整個遊戲的流程，有電腦自動播放題目，以及答對答錯的效果播放，因此要能夠順利完成遊戲，也需要在流程控制方面能夠掌握純熟，因此是一個很不錯的練習。

希望讀者多熟練這個篇章之後，能夠熟悉 useEffect 的用法，並且能夠精準的使用在對的地方。

6.14.2 天馬行空

❑ 增加音效

除了視覺上的效果以外，如果想要做出另外的延伸功能，例如視覺播放之外也搭配聲音，我覺得也是很好的練習！畢竟有些人是視覺型的記憶比較強，有些人是聽覺記憶比較強。我們可以設計成每亮起一個記憶方塊燈的同時，也能夠播放相對應的音符聲音。另外，答對過關和答錯扣分的時候，也可以設計不同的遊戲音效喔！

❑ 增加節奏性

目前的記憶方塊遊戲中，每一個閃爍之間都是固定時間間格。以音樂的術語來看，就是一拍一個音。那我們有沒有可能跳脫這個框架的限制？我們讓他有一點節奏性，所以，如果有節奏、有音效了之後，是不是就能夠導入曲子進去了呢？

❑ 倒數計時

這個功能真的是非常令人感到緊張！要把東西記起來已經很困難了！居然還在給我倒數計時！天啊！那腎上腺素不氾濫爆發才怪！我們可以在畫面上規劃一個空間放個倒數計時的計數器，或是一個倒數的進度條，透過一些視覺上的提示來告訴玩家你的時間已經不夠用了！甚至更狠一點！當難

度越來越高的時候，也可以讓倒數的時間變少！哇哇哇！真是一個令人血
脈噴張又討厭的玩法呀！相信透過這樣的訓練，你在任何緊張的情況下也
能夠擁有超強的記憶力！

❑ 存檔功能

有時候玩遊戲玩到一半，被迫要去做別的該做的事情的時候，真的是捨不
得放棄目前好不容易玩到的進度。一樣我們可以透過 API 來儲存目前這個
帳號的遊戲進度。當然，如果要有存檔功能的話，勢必會需要讓使用者可
以登入，這樣才能夠根據不同使用者有不同的遊戲進度儲存。

▌ 6.15　記憶方塊篇完整程式碼

https://github.com/TimingJL/Memory-Blocks

▲ 圖 6-14　記憶方塊遊戲原始碼

https://timingjl.github.io/Memory-Blocks/

▲ 圖 6-15　記憶方塊遊戲 Demo

NOTE

NOTE